童话中走出的
法式复古风糖霜饼干

【日】日本主妇兴趣技能协会（著）
梁晨（译）

中国水利水电出版社
www.waterpub.com.cn
·北京·

Contents

前言

几年前糖霜饼干在国内还很少见，也无处学习它的做法。然而现在，可以购买或者学习制作可爱糖霜饼干的地方变得随处可见。

日本主妇兴趣技能协会是日本首个开办糖霜饼干讲座并提供讲师认证资格的协会。现在，其旗下的1700多名讲师正在全国各地积极展开活动，将制作糖霜饼干的乐趣传播到日本的各个角落，给更多人带去了欢乐。

制作糖霜饼干时，参与越深越能感受到它的奥妙之深，手艺进步后便想挑战更难、更复杂的作品。世界上有多种多样的糖霜饼干的制作技巧，其发展也是日新月异。

协会每年都会多次拜访糖霜饼干的发源地——英国，不断地学习世界最先进的糖霜工艺，再通过讲座将这些工艺传授给讲师们，使那些高水平的讲师们再提高，以便今后可以把糖霜工艺进行创新，带向更多国家。

本书是拥有丰富知识和高超技巧的讲师们精选出的作品集，内容已经超越了“糖霜饼干”的范围，说它是“艺术”也不为过了。

在这本糖霜饼干书籍中，讲师们毫无保留地公开了各种各样的技法和设计创意，使其成为了前所未有的、即使经验丰富的人也可以满足其中的糖霜饼干书籍。

希望本书可以对大家在提升糖霜饼干的知识和技术上有所帮助。

日本主妇兴趣技能协会
代表理事 桔梗有香子

Part.1 糖霜的基础

饼干的制作方法

本章为大家介绍搭配糖霜的口味适中、甜度适当的饼干的制作方法。

材料	
无盐黄油	90g
细砂糖	70g
香草精	适量
蛋液	25g
低筋面粉	200g

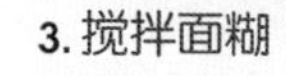

1. 将黄油和砂糖搅拌均匀

将室温软化的黄油用打蛋器打散，加入细砂糖和香草精，搅拌至白色奶油状。

2. 加入鸡蛋搅拌

分两次加入蛋液，每次充分搅拌至蛋液完全融入。

3. 搅拌面糊

加入筛过的低筋面粉，用橡皮刮刀按压搅匀后用手将面团揉至表面光滑；放冰箱冷藏20分钟。

4. 进烤箱烘烤

用擀面杖将面团压成5mm厚，用模具切出形状；将切好形状的饼干胚放入铺有烤盘垫纸的烤盘中，烤箱预热后用180℃烘烤15分钟左右。

5. 制作可可味的饼干胚

将低筋面粉的1/10用黑可可粉代替，便可做出可可饼干。

6. 完成

烤制完成。

POINT

- 压制饼干形状时如果不好取出，在饼干胚上撒些高筋面粉即可。
- 将面团放入保鲜袋中揉压面团更容易并且更加卫生。另外，揉好的面团如不能及时使用可放在保鲜袋中整个冷冻保存。

3D饼干的烘焙方法

在成功完成平面饼干之后，不妨挑战一下3D饼干！
可以使用的立体模具有制作蛋糕用的硅胶模具、制作布丁用的不锈钢模具、生鸡蛋等。只要有不同的创意，便可做出丰富多彩的3D饼干。

这种形状的糖霜饼干在本书P64详细介绍

1. 压制形状

在P6的5mm厚饼干胚上用心形模具切出形状。

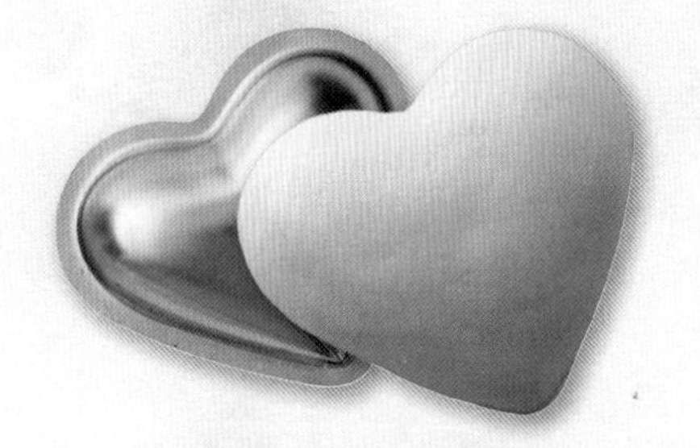

2. 将饼干胚包裹在立体模具上

将压好的饼干胚包在心形立体模具上，用手指均匀按压使饼干胚成立体形状。

3. 烘烤

烤箱预热后用180℃烘烤18分钟左右，余热散去后将饼干从模具上取下即可。

这种形状的糖霜饼干在本书P66详细介绍

1. 制作模具

用锡纸包裹整个生鸡蛋，作为立体模具。

2. 制作底座

用锡纸做成一个锡纸圈，将鸡蛋放在圈上，防止鸡蛋滚动。

3. 将饼干胚包裹在立体模具上

将饼干胚擀成3mm厚的、比鸡蛋大一圈的形状，覆盖住鸡蛋模具的1/3，多余的部分用小刀切掉。

4. 进烤箱烘烤

烤箱预热后用180℃烘烤15分钟左右。

5. 翻面

将饼干从鸡蛋模具上取下后，翻面放在锡纸圈上烘烤内侧（180℃烘烤 10分钟左右即可）。

完成

6.

烤制完成。

COLUMN

烤箱里烤过的鸡蛋被完全地加热过，因此和煮鸡蛋一样，可直接做成鸡蛋沙拉等菜品享用。
※刚烤出的鸡蛋很烫，食用时请注意。

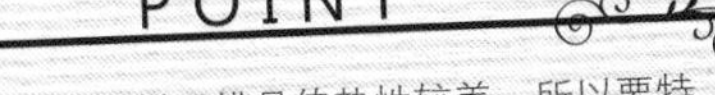

POINT

- 鸡蛋模具比起饼干模具传热性较差，所以要特别注意内侧也需烘烤。

糖霜的搅拌方法和浓稠度

中度糖霜的调配

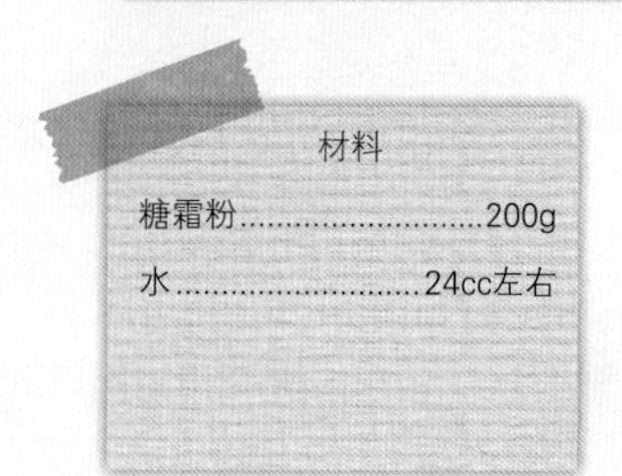

材料

糖霜粉……………………200g

水……………………24cc左右

将材料倒入大碗中轻轻搅拌混合，用手持式搅拌器低速搅打 10 分钟左右（也可用橡皮刮刀彻底搅拌 10 分钟左右）。

※糖霜粉可用糖粉200g、蛋白粉5g、水30cc代替。

通过彻底搅拌，糖霜呈现纯白、蓬松的美丽形状。

搅拌不足会导致干燥后出现透明感、分离、渗色的情况。

糖霜的浓稠度

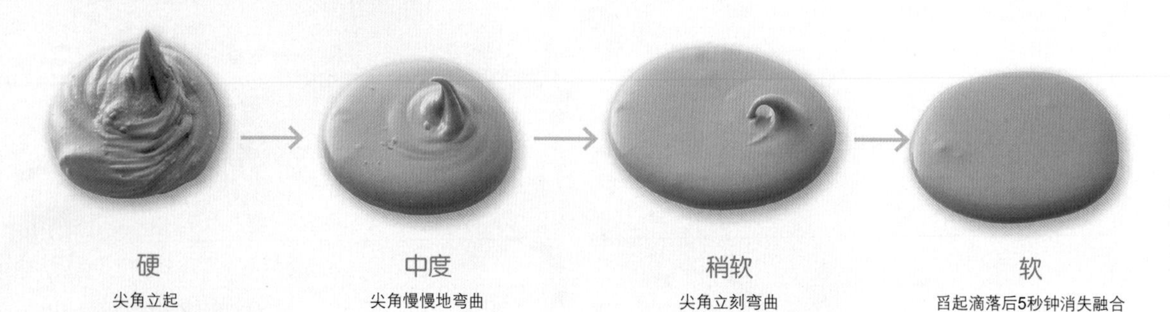

硬
尖角立起

中度
尖角慢慢地弯曲

稍软
尖角立刻弯曲

软
舀起滴落后5秒钟消失融合

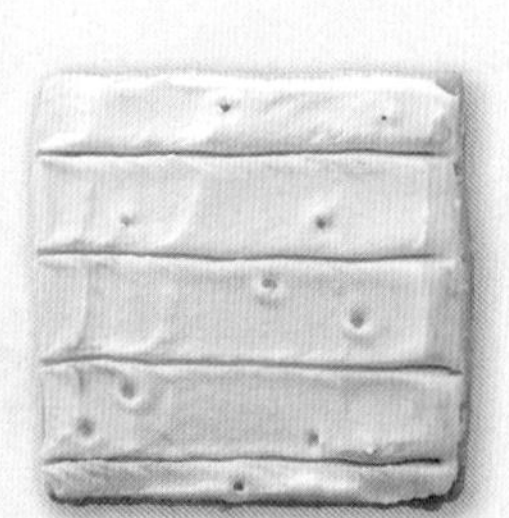

硬:裱花、裱叶、厚涂时使用

中度:画边框、文字、花纹时使用

稍软:模绘板、针织风格打底填充时使用

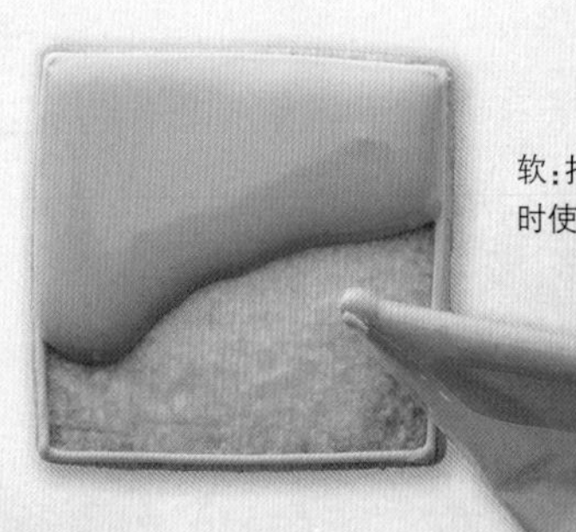

软:打底填充、画融入图案时使用

法式复古风着色

在给糖霜着色时应用牙签蘸取色素，一点一点地进行着色。着色完成后，加入棕色可调出温暖的复古风颜色，加入黑色则会调出时尚而沉稳的颜色。特别注意加入黑色时每次应蘸取极少量的色素慢慢进行。

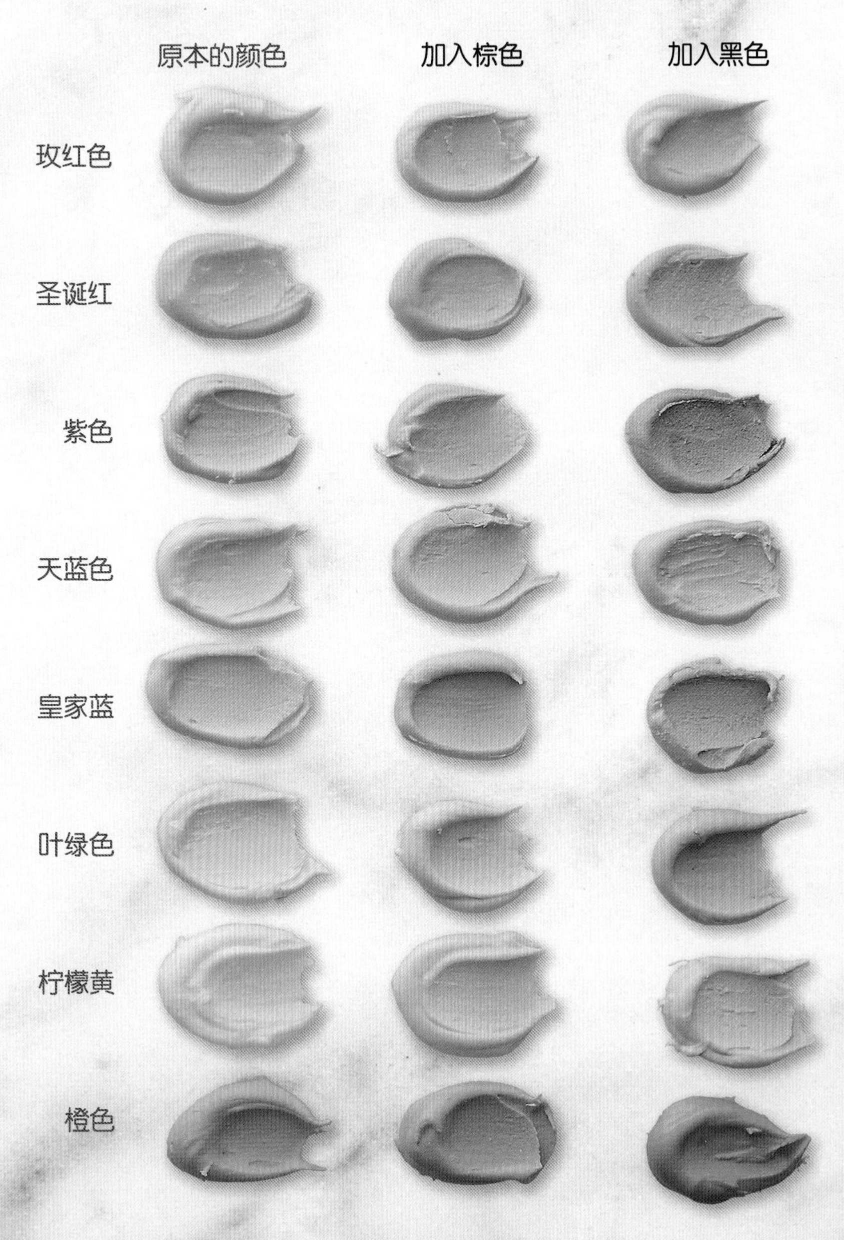

多种颜色的组合

韦奇伍德蓝
天蓝+圣诞红

鲑鱼粉红
圣诞红+柠檬黄

萨克斯蓝
紫色+天蓝色

金色
柠檬黄+橙色+栗棕色

银色
少量黑色

铜色
栗棕色+圣诞红+黑色

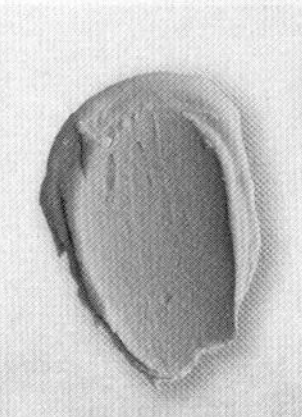

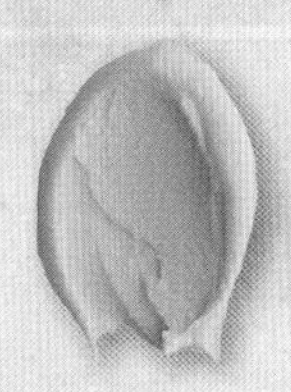

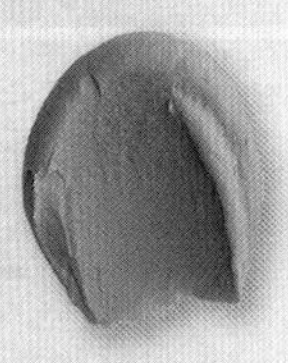

※ 调配金色、银色和铜色时，应在糖霜表面干燥后，涂抹少量溶于杜松子酒（或 30 度以上无色透明的酒）的珍珠粉。

裱花袋的制作方法

※为了在照片上看得更清楚，这里使用了油纸做示范。

- 可根据糖霜的量改变裱花袋的尺寸。

POINT

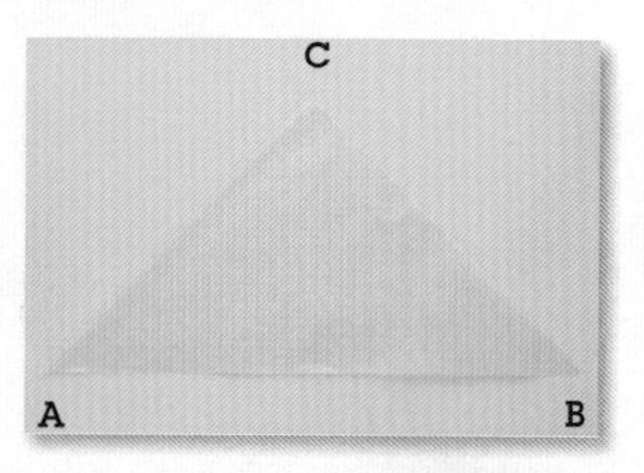

1. 等腰三角形

将 20cm × 20cm 的正方形玻璃纸（OPP 薄膜）沿对角线对折。

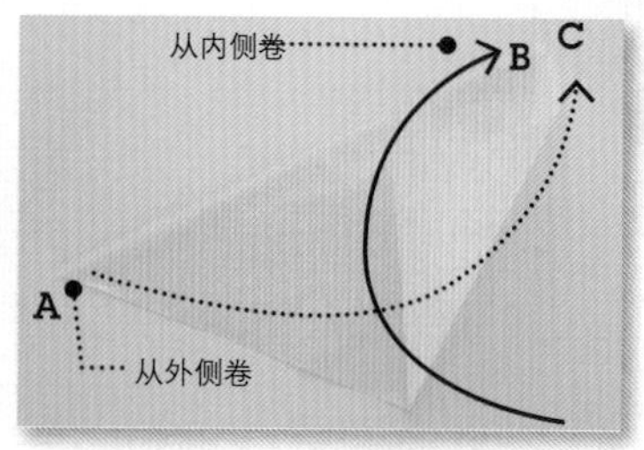

2. 卷筒

先将B卷起使B和C重叠，然后将A卷到C的后面。

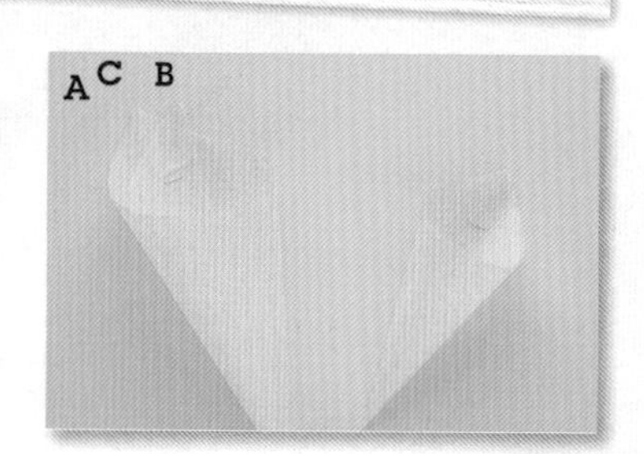

3. 用订书机固定

将ABC重叠的部分用订书机固定。

糖霜的基础工程

1. 画边框

把裱花袋尖端2~3mm处剪开，用中度糖霜一边注意保持裱花袋口离开表面，一边勾勒出边框。

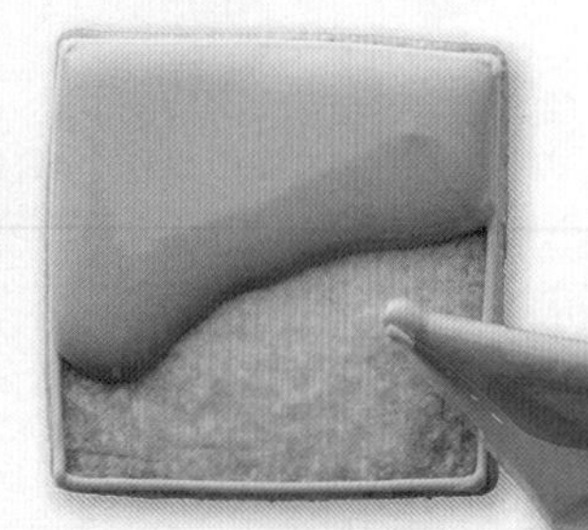

2. 填充

用软糖霜从边缘开始涂满整个表面。

3. 填满每一个角落

用牙签或糖霜针使表面的每一个角落都填满糖霜，便完成了。

融入图案的画法（wet on wet）

玫瑰图案

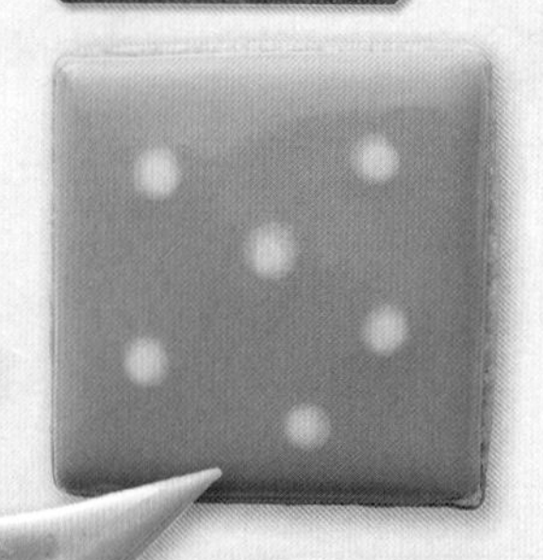

1. 画点

在上一个部分的3中，在表面的糖霜干燥之前用两种颜色画点状图案，使其重叠起来。

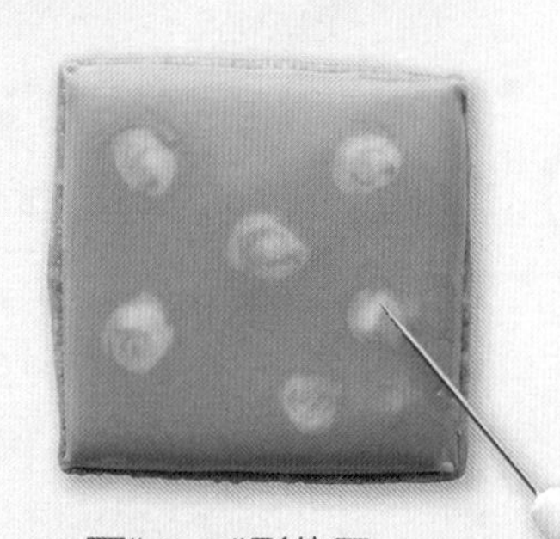

2. 画“のの”形的圈

用糖霜针在点上画“のの”形的圈，使点状变成玫瑰图案。

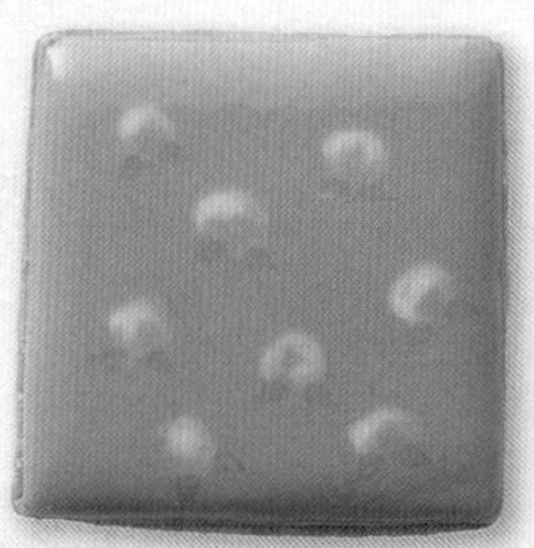

完成

3.

用绿色画点状，然后用糖霜针从上到下刮画出叶子的尖便完成了。

POINT

- 融入图案的关键是在表面干燥之前快速完成操作。
- 打底填充用较重的颜色、点状用较淡的颜色可以使图案清晰呈现。

花边的种类

通过将点、水滴、曲线进行组合，可以画出多种多样的花纹和边框。
把本页复印后放入透明文件夹里，可以用来练习花边的描画。

基本种类

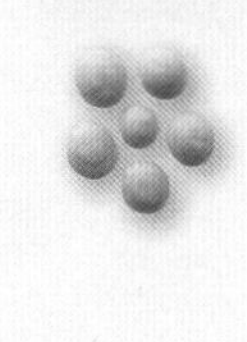

POINT

- 画点状时将裱花袋与表面呈90°角，迅速地画圈挤出糖霜。
- 如果尖端立起，可以用沾湿的小号画笔轻轻地抚平。
- 画水滴状时应将裱花袋稍稍离开表面的状态下挤出糖霜，最后减小手上压力，剩余部分轻轻地抹在表面上。

应用篇

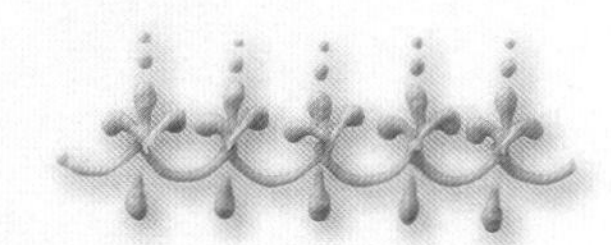

POINT

- 开始和结束挤糖霜时，应将裱花袋口轻轻地按压表面。
- 画线时应使裱花袋离开表面，稍稍倾向前进的方向拉动。

COLUMN

画花边是一门熟能生巧的技艺。就算是在不烘烤饼干的时候，也可以在油纸、透明文件夹或者案板上进行练习哟。

画笔刺绣

什么是画笔刺绣?

画笔刺绣（Brush embroidery）是一种用画笔完成的糖霜技法。通过画笔将糖霜晕染，使其呈现刺绣般的质感。

基础画法

1. 描画稿

为了让图案均匀，先用糖霜针刺画表面，描摹出画稿的形状。

2. 运用模具

用翻糖打底的情况下，可以直接用饼干模具或印章在表面印出图案。

3. 画花瓣

用中度的糖霜，以Z字形勾画出一枚花瓣的轮廓。

4. 晕染

用稍微被水沾湿的画笔将糖霜从外侧向内侧晕染。

POINT

• 画笔选用软毛、有笔腰的种类比较便于操作。另外，由于糖霜晾干之后便无法再进行晕染，晕染花瓣时应注意一枚一枚地完成。

ARRANGE 描绘双色花瓣

1. 挤出两层糖霜

用两种不同颜色的糖霜，勾画两层花瓣轮廓。

2. 晕染

用被水沾湿的画笔，将两层糖霜同时从外向内晕染。

3. 画叶子

用同样的方法画出叶子的轮廓并用画笔晕染。

4. 完成

用中度糖霜画出花蕊和叶脉，便完成了。

POINT

• 通过分开使用细笔、平头笔等不同的画笔，可以表现出丰富多彩的效果。创作时最好配合作品的风格灵活运用。

裱花嘴的应用

道具

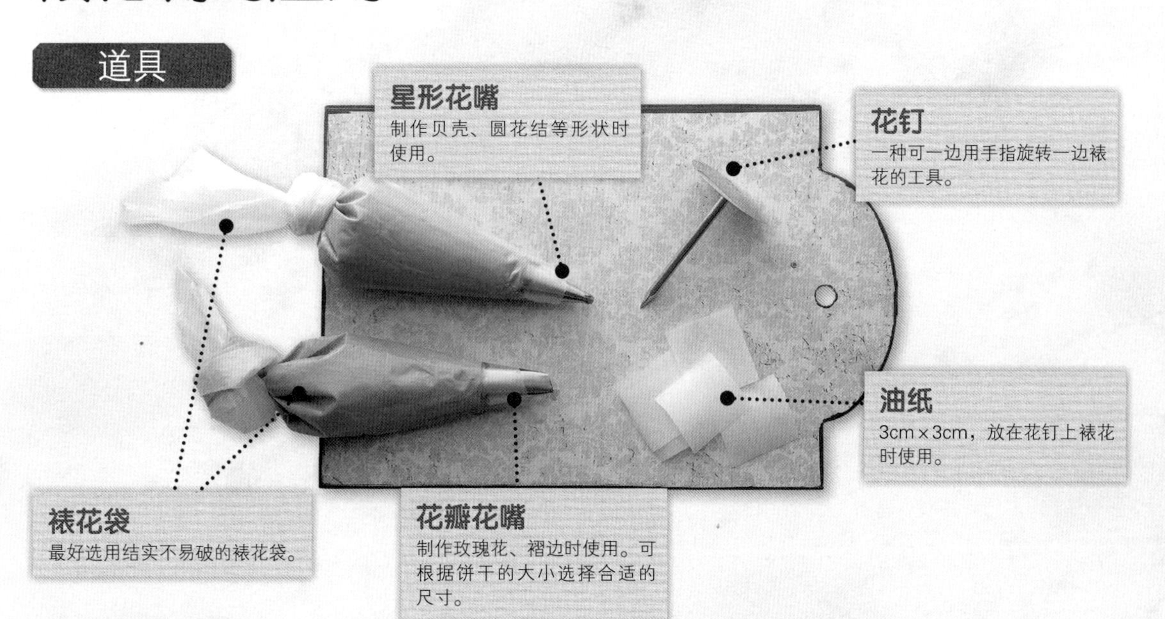

裱花方法

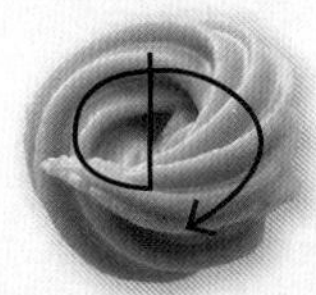

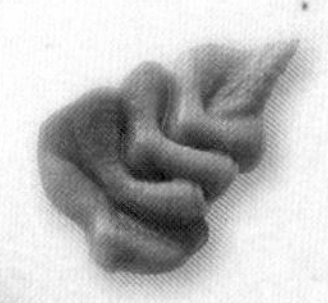

圆花结

将星形花嘴垂直放置，画圈挤出糖霜，最后边减小手上压力边向自己的方向提拉。

叶子（无叶脉）

把裱花袋的切口剪成 V 字形，挤出糖霜后边减小手上压力边持续拉动（叶子的大小可以通过调整裱花袋切口的深浅改变）。

叶子（有叶脉）

把裱花袋的切口剪成V字形，边将手反复小幅度前后移动边挤出糖霜。

玫瑰花

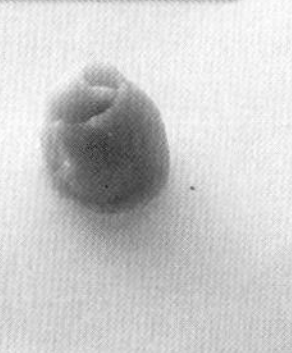

1. 花蕊（第一圈）

将裱花嘴较窄的一侧朝上，一边用手按逆时针方向转动花钉，一边挤出糖霜，在中心形成一圈按顺时针方向缠绕的花蕊。

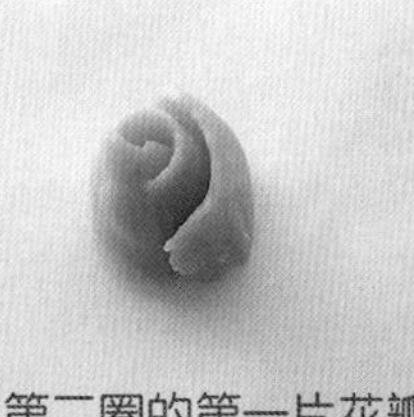

2. 第二圈的第一片花瓣

保持裱花嘴较窄的一侧朝上，在花蕊的周围裱上一片1/3周长度的花瓣。

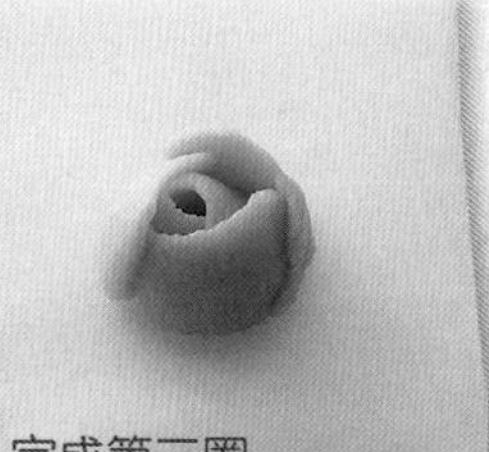

3. 完成第二圈

同样是1/3周长度，略有重叠地裱上3片花瓣。

4. 第三圈

以同样的方式，将1/5周长度的花瓣一点一点重叠地裱上5片，便完成了。

ARRANGE 绽开的玫瑰

上述的第二圈完成之后，将裱花嘴窄口向外倾斜，裱出绽开的花瓣。

掌握好平衡，裱出五片花瓣后即可。

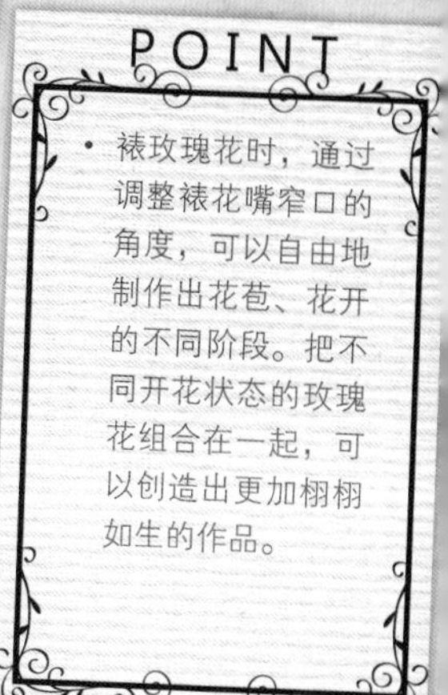
POINT

- 裱玫瑰花时，通过调整裱花嘴窄口的角度，可以自由地制作出花苞、花开的不同阶段。把不同开花状态的玫瑰花组合在一起，可以创造出更加栩栩如生的作品。

彩绘的基础

彩绘第一眼看上去好像很难，但实际上十分简单，使用的工具就只有画笔和食用色素（彩色凝胶）。
让我们尝试着以饼干为画布，自由地作画吧！
当你熟悉了彩绘的基础，便可以在糖霜饼干上像画水彩画一样创作，无论是写字、画插画，还是表现画的阴影部分都可以变得得心应手。这样一来，可创作作品范围也扩大了许多。
当然，除了在铺好底的饼干、翻糖上以外，在市面上售卖的马卡龙等甜品上也同样可以作画哦。

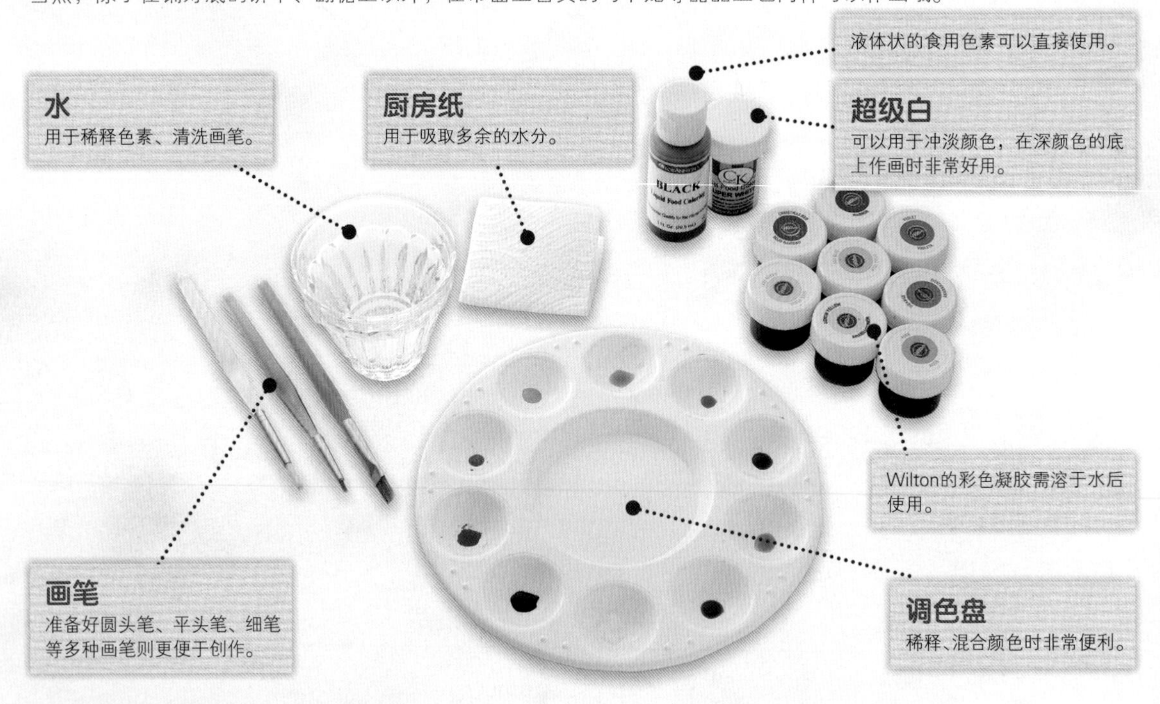

彩绘的色彩变化

深浅调色方法：①用水分量调色

我们可以通过给食用色素加不同量的水来改变颜色的浓淡。通过改变同一种颜色的浓度，制造出阴影、深浅变化等效果，从而表现出立体感。如果水加的太多了，要用厨房纸吸收掉多余的水分后再开始作画。

深浅的调色方法：②加入白色食用色素（CK 超级白）调色

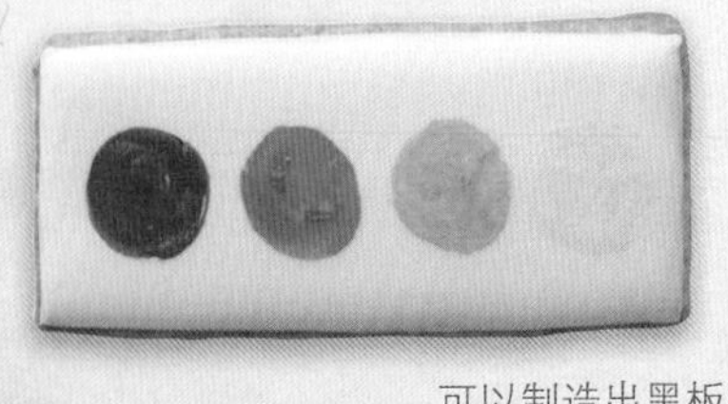

我们也可以通过添加白色，调出较为柔和的色调。此外，在比较深的颜色上加上白色后，可以表现出光照的感觉。在黑底糖霜上用白色描画则可以制造出黑板粉笔字的效果。

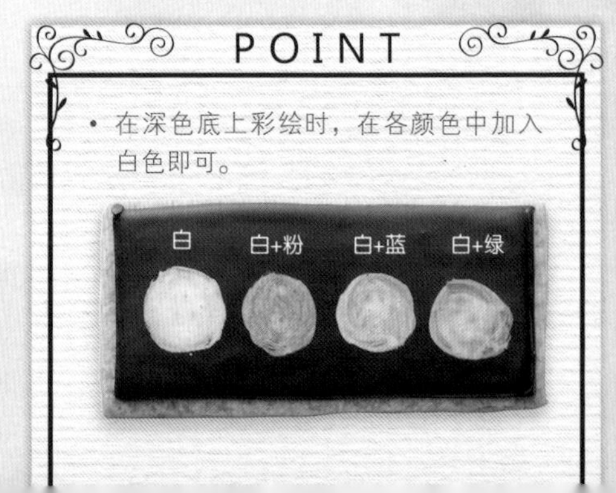

彩绘的技巧

画笔的灵活使用

平头笔

圆头笔

细笔

细笔

画线、轮廓和写字使用。用沾水的画笔调开彩色凝胶即可。

圆头笔

填充、晕染、画背景等使用。用稍多的水溶解色素，薄薄地涂满即可。

平头笔

画条状、格子图案、蝴蝶结等使用。重叠的部分进行二次上色使颜色变深。

表现出复古感的技巧

白色涂抹

在较深的颜色上涂白，做出尘埃的效果。

棕色涂抹

图案的周围涂些棕色表现出污渍的效果。

淡棕色晕染

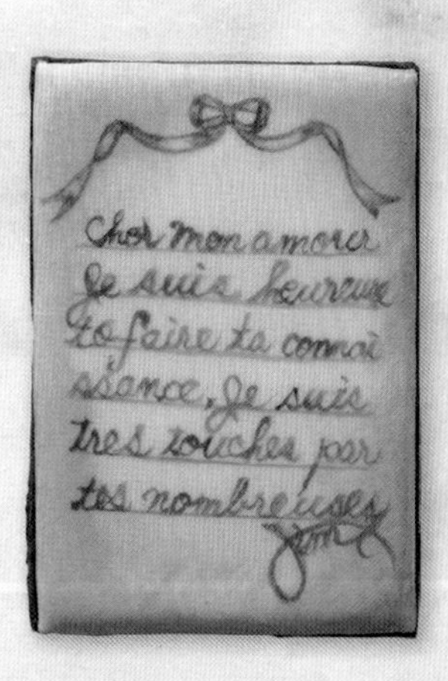

边缘用淡棕色涂抹，晕染出复古风的色调。

翻糖的用法

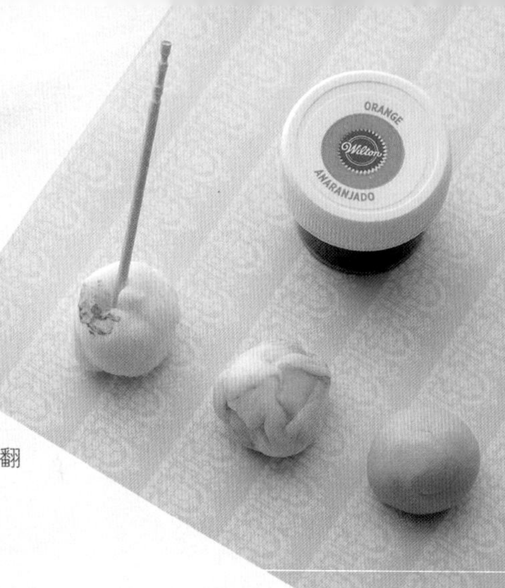

着色方法

用牙签蘸取少量食用色素，一点一点地混合到翻糖中揉压至均匀上色。

用模具压出造型

1. 填满模具

将翻糖揉成球状压进模具里，去掉溢出的部分。

2. 取出

将模具翻转过来取出翻糖。翻糖不容易取出的时候，用糖霜针取出即可。

纹理垫

印压图案

将翻糖放在纹理垫上，用擀面杖擀压便可以印出图案。

蝴蝶结

1. 切成条状

准备好两片长方形翻糖，一片用来做丝带部分，另一片用来做中间的带子。

2. 组合

把两端蓬松地向中央对折，翻过来在中心捏出下凹的褶皱。

完成

3.

把做带子的翻糖卷在中央，涂抹少量的杜松子酒固定即可。

POINT

- 固定翻糖以及将翻糖固定在饼干上时，用画笔涂些杜松子酒（或 30° 以上无色透明的酒）粘合即可。如果是给儿童食用时，也可以用水或中度糖霜粘合。

糖霜饼干 Q&A

Q 糖霜干了之后凹陷下去了怎么办?

A 糖霜中水分太多时会容易凹陷。可以用干果机干燥，或者是在制作时注意减少水分。

Q 没有食谱上用的饼干模具时该怎么办?

A 在纸板或透明文件夹上画出形状，剪下作为纸模。把纸模放在饼干胚上，用小刀沿着边缘切出形状即可。

Q 做针织效果时拉不出笔直的线怎么办?

A 从边缘开始按顺序画线的话比较容易画偏。先在正中央或每1/3的位置画出参考线，然后再照着参考线拉线就可以了。

Q 如何设计针织效果图案?

A 可以在方格纸上提前画好设计图。参考刺绣的设计图集也是不错的方法。

Q 彩绘之后表面凹陷了怎么办?

A 画笔上沾的水太多的话，会导致表面的糖霜融化、渗色。如果调淡食用色素时用了较多的水，一定记得用厨房纸把多余的水分吸收之后再开始彩绘。

Q 没有绘画的才能，对于彩绘没有自信怎么办?

A 首先在薄纸上画出画稿，铺在饼干上。用糖霜针等描摹，即可把画稿拓到饼干上。用描摹的方法画的话，便可很好地完成作品。

Q 画笔刺绣的图案画不好怎么办?

A 挤出的糖霜太少的话会不易晕染，所以要稍微多挤一些。另外，糖霜干了之后就不能晕染了，所以要注意一片一片地完成。画笔太软的话则无法清晰地画出纹理，所以应使用有笔腰的画笔。

Q 3D饼干的烘焙方法、烘烤时间如何决定?

A 目前在国内还不经常能见到制作 3D 饼干专用的模具。在做蛋糕和布丁用的硅胶、不锈钢、铝制模具等耐热模具上铺上饼干胚就可以做出 3D 饼干了。由于根据素材的不同，烘烤的时间也不同，所以要一边观察上色情况一边调整烘烤时间（无需改变温度）。一定要确认内侧是否也烤好了。如果内侧没有烤好，应把饼干翻过来再多烘烤几分钟。

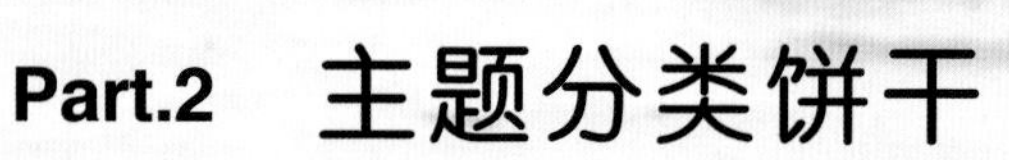

Part.2 主题分类饼干

Mason Jar
梅森瓶

西田春美

❶灰色花朵瓶

糖霜

瓶身

轮廓:棕色+黑色/中度

填充:棕色+黑色/软

瓶盖、标签

轮廓、花纹:金黄+棕色的深浅色/中度

填充:金黄+棕色的深浅色/软

图案

玫瑰:红色+棕色的深浅色/软

叶子:苔绿色+棕色的深浅色/软

文字:棕色+黑色/中度

画笔刺绣:白色/中度

材料

杜松子酒:适量

金色珍珠粉:适量

1. 画出轮廓、填充好瓶盖部分。填充瓶身后，立刻挤出两种颜色重叠的圆点。

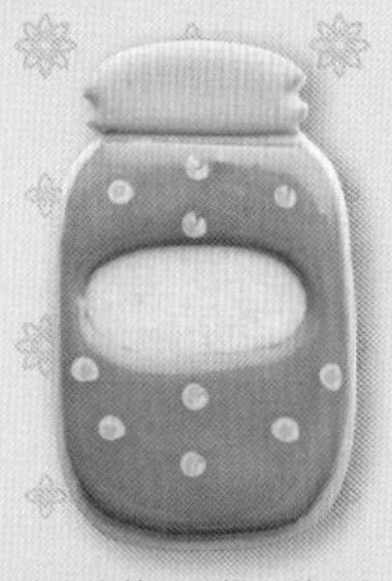

2. 在瓶身糖霜干燥之前在点上画圈勾出玫瑰的图案（参照P10）。

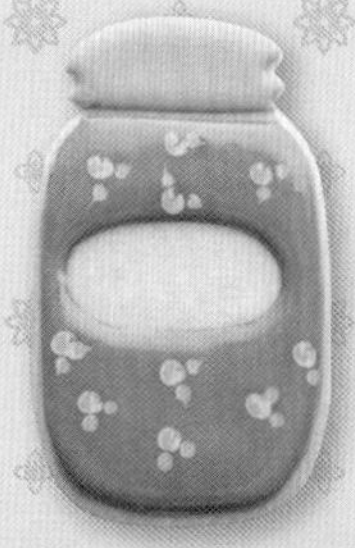

3. 再次挤出两种颜色重叠的圆点，用糖霜针向斜下方刮画，勾出心形叶子的图案。

4. 在标签的周围挤出3个山形的花边，用宽平头笔晕染。重复这个过程直到一圈的花边完成（参照P12）。在瓶盖上画出花纹。

5. 用软糖霜填充标签部分。

6. 完成文字和花纹后，用溶于杜松子酒的金色珍珠粉镀上金彩。

❷蓝色花朵瓶

糖霜

瓶身

轮廓:皇家蓝+棕色/中度

填充:皇家蓝+棕色/软

瓶盖

轮廓、花纹:黑色+棕色/中度

填充:黑色+棕色/软

图案

常春藤:苔绿色+棕色/中度

花:白色/中度

文字:棕色+黑色/中度

材料

杜松子酒:适量

金色珍珠粉:适量

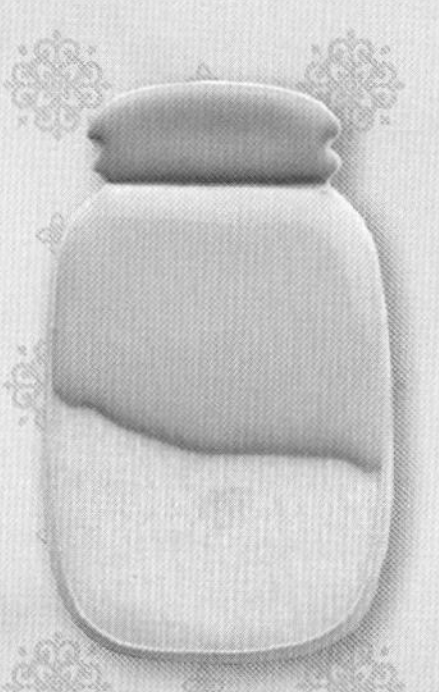

1. 画出轮廓，填充瓶盖部分，瓶盖表面干燥后填充瓶身部分。

2. 在瓶盖上画出花纹，在瓶身的周围画出常春藤的图案，然后在常春藤的上下画出大大小小水滴形花瓣的小花。

3. 用中度糖霜写好文字，给瓶盖镀上银彩。

❸象牙白花朵瓶

糖霜

瓶身、瓶盖

轮廓、花纹:金黄+棕色的深浅色/中度

填充:金黄+棕色的深浅色/软

图案

常春藤、文字:黑色+棕色/中度

叶子:苔绿色+棕色/硬

花:玫红色+黑色的深浅色、金黄+棕色、白色/中度

材料

杜松子酒:适量

金色珍珠粉:适量

1. 画出轮廓，以和"蓝色花朵瓶"一样的时间差进行填充，画出瓶盖上的花纹以及水滴花瓣的花朵。

2. 画出花瓣，将裱花袋的开口剪成V字形，挤出叶子。

3. 写好文字后，用溶于杜松子酒的金色珍珠粉镀上金彩。

Flower
花朵

❶大丽花 坂本惠

糖霜
轮廓：玫红色+黑色/中度
填充：玫红色+黑色/软
画笔刺绣：玫红色+黑色、白色/中度
花蕊：玫瑰红+黑色、白色/中度

1. 在涂好底的饼干上，从外侧开始画曲线，然后用沾湿的画笔晕染。

2. 一圈完成后，再在内侧挤出曲线，用同样的方法晕染。

3. 用同样的方法完成四圈，最后在中心用中度糖霜挤出圆点，作为花蕊。

❷雏菊 坂本惠

糖霜
轮廓、花蕊：金黄+棕色的深浅色/中度
填充：金黄+栗棕色/软

1. 在中央用糖霜针做好记号，画出12枚花瓣的轮廓。

2. 用软糖霜将花瓣间隔填充。

3. 错开时间，填充好剩下的花瓣，在中心盘旋绕圈地挤出糖霜，最后在最上方挤一个圆点。

❸黑种草 坂本惠

糖霜
轮廓、花蕊：皇家蓝+黑色的深浅色/中度
填充：皇家蓝+黑色/软
雄蕊：金黄+栗棕色/中度

1. 用和制作雏菊一样方法，画出6枚花瓣的轮廓，将花瓣间隔填充。

2. 全部花瓣填充完后，画出雄蕊。

3. 在中央盘旋绕圈地挤出花蕊，最后填上圆点。

❹叶子 坂本惠

糖霜
轮廓：金黄+黑色/中度
填充：金黄+黑色/软
画笔刺绣：白色/中度

1. 画轮廓，填充底色。

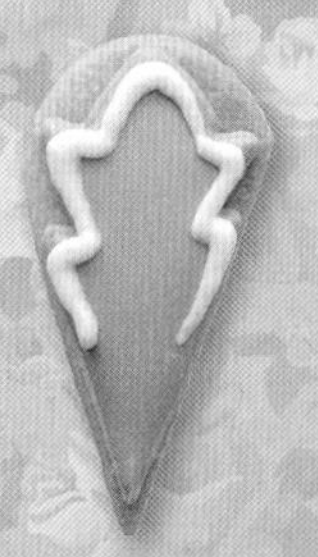
2. 表面干燥后沿叶子的边缘挤出糖霜。

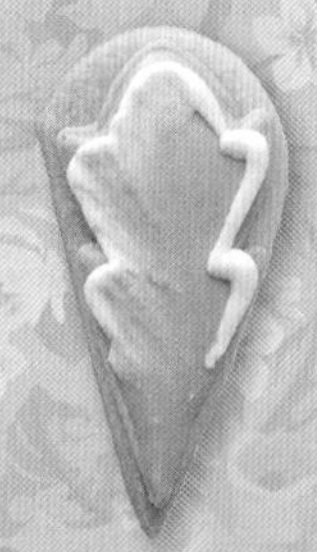
3. 用被杜松子酒沾湿的画笔从外向内晕染（参照P12）。

❺玫瑰 水野惠美

糖霜
柠檬黄+棕色/硬
紫色+圣诞红+黑色/硬
翻糖
叶绿色+棕色
材料
食用糖珍珠：适量
银糖珠：适量

1. 将上好色的翻糖切出形状，用小刀画出叶脉。

2. 用2D号裱花嘴从中央开始画圈地挤出硬糖霜。

3. 糖霜干燥前装饰上糖珍珠、银糖珠。

Eyelet Lace
网眼蕾丝

生驹美和子

❶网眼蕾丝A

糖霜
轮廓、花纹：白色/中度
填充：白色/软
玫瑰：金黄+棕色/硬

1. 画出轮廓和蕾丝花纹。

2. 精细的部分用糖霜针填涂。

3. 裱出玫瑰（参照P13、用101号裱花嘴），用中度糖霜画上花纹。

❷网眼蕾丝B

糖霜
轮廓、花纹：白色/中度
填充：白色/软
玫瑰：金黄+棕色/硬

1. 画出轮廓和蕾丝花纹。

2. 精细的部分用糖霜针填涂。

3. 用中度糖霜画出花纹，在中央裱上玫瑰。

❸半透明蕾丝A

糖霜
轮廓:金黄+棕色/中度
填充:金黄+棕色/软
蕾丝
轮廓、花纹:白色/中度
填充:白色/软

1. 填充底面，等表面干燥之后，用中度糖霜画上蕾丝花纹。

2. 将软糖霜用水稀释后，用画笔填涂。

3. 画上花纹即可完成。

❹半透明蕾丝B

糖霜
轮廓:金黄+栗棕色/中度
填充:金黄+栗棕色/软
蕾丝
轮廓、花纹:白色/中度
填充:白色/软

1. 画轮廓、填充底面。

2. 用中度糖霜画出蕾丝花纹，将软糖霜用水稀释后用画笔填涂。

3. 画好圆点，即可完成。

Needle Point
针织

❶❷大写首字母 生驹美和子

糖霜

轮廓：柠檬黄+棕色/中度
填充：柠檬黄+棕色/软
首字母填充：柠檬黄+棕色/稍软

图案

小花：天蓝色+棕色、柠檬黄+棕色、红色+橙色+棕色/中度
叶子：叶绿色+棕色/硬

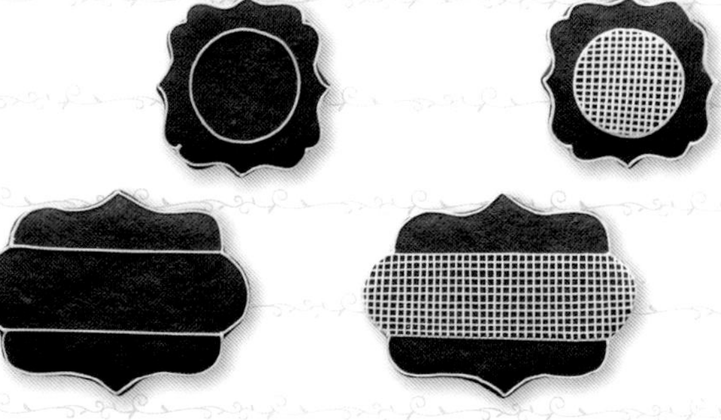

1. 小号黑色饼干画出外侧和内侧的轮廓。大号黑色饼干画出外轮廓和两条直线。

2. 横竖均匀地画好网格。

3. 在网格的周围填充底色。

4. 用稍软糖霜（参照P8）将首字母部分一格一格地填涂。

5. 文字也用同样的方法一格一格地填涂。

6. 画小花，裱出叶子（参照P13）。

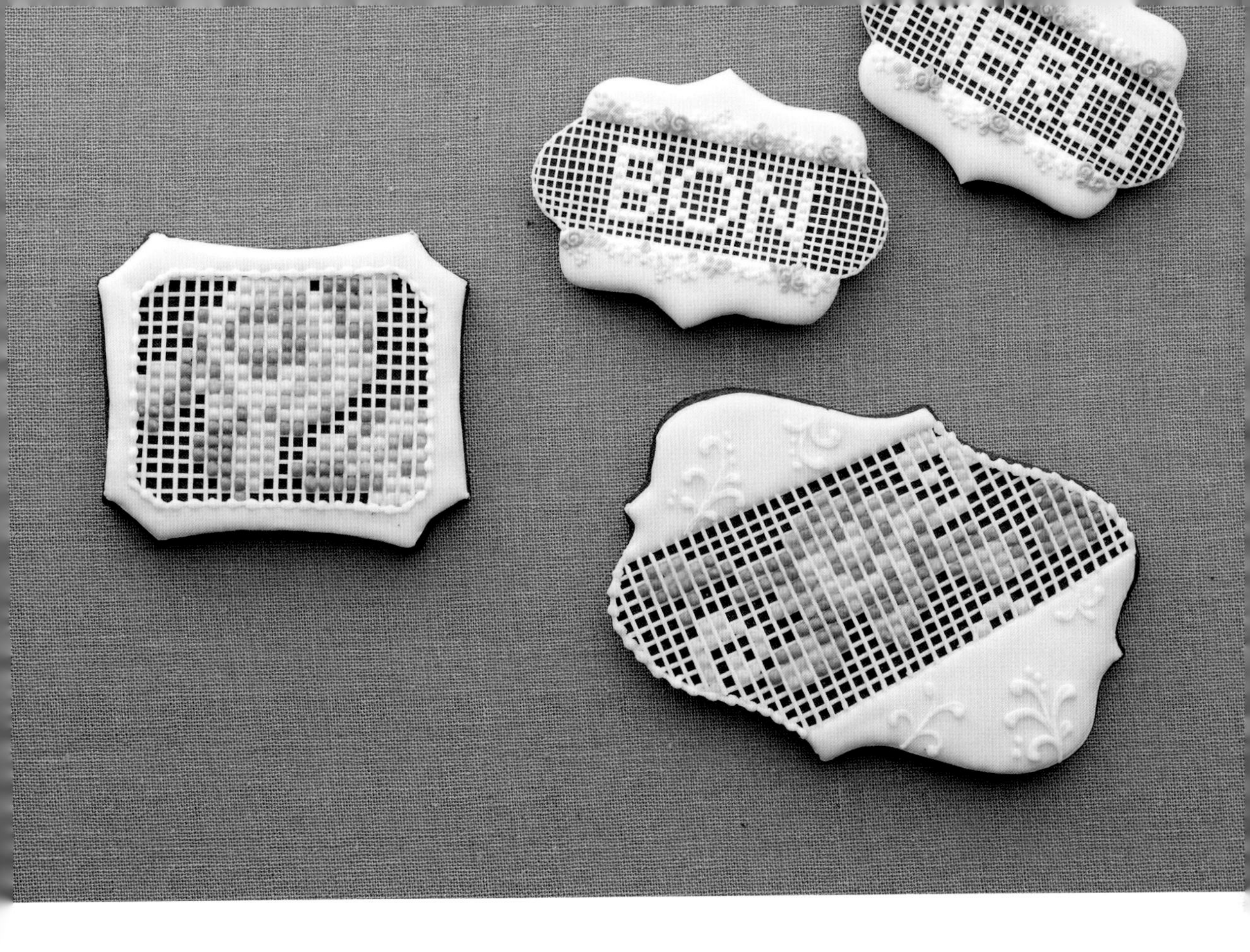

❸玫瑰（大） M'Respieu

糖霜

轮廓、花纹：金黄+棕色/中度
填充：金黄+棕色/软
玫瑰：圣诞红+棕色、粉色+棕色、金黄+棕色/稍软
叶子：苔绿色+棕色的深浅色/稍软

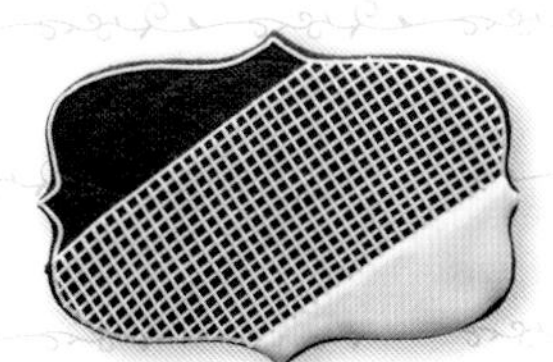

1. 画出轮廓和网格，填充周围。

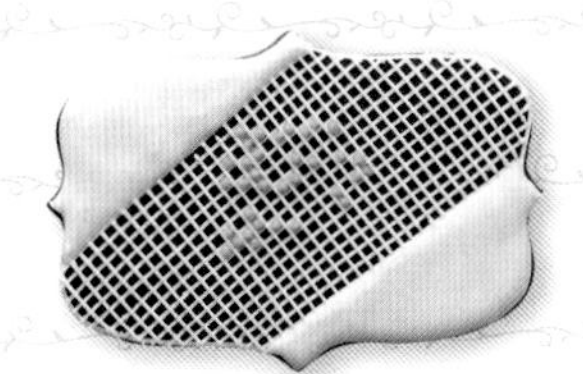

2. 用稍软糖霜填涂玫瑰（3色）图案。

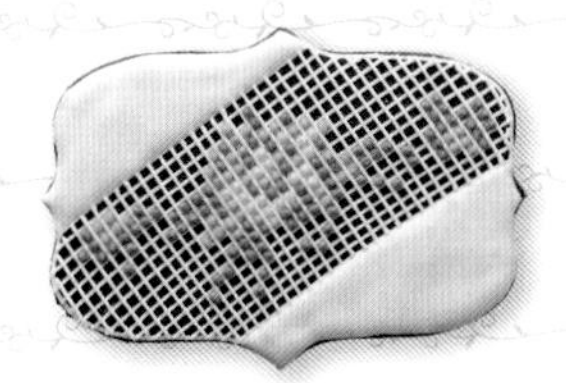

3. 填涂叶子（2色）图案，用中度糖霜画上花纹。

❹玫瑰（小） M'Respieu

糖霜

轮廓、花纹：金黄+棕色/中度
填充：金黄+棕色/软
玫瑰：圣诞红+棕色、粉色+棕色、金黄+棕色/稍软
叶子：苔绿色+棕色的深浅色/稍软

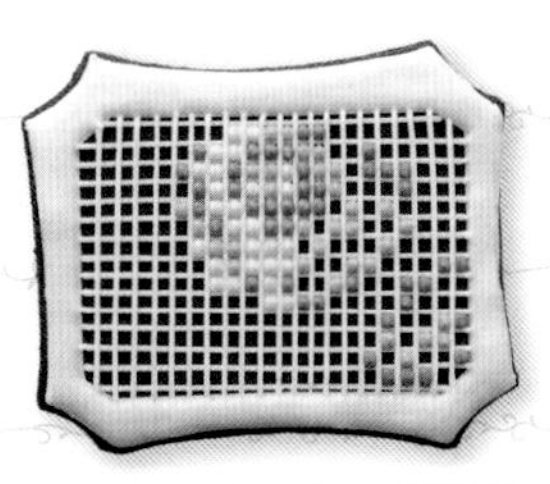

1. 填充好网格周围后，用稍软糖霜填涂玫瑰（3色）。

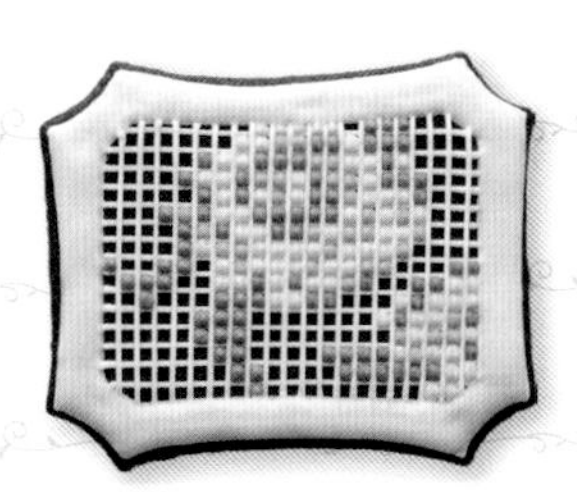

2. 填涂叶子（2色）的部分。

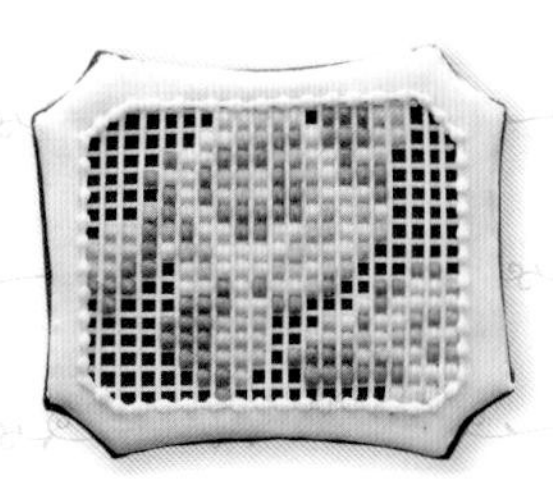

3. 在网格的周围挤上水滴形状的花纹。

Lemon
柠檬

Petite

❶看板

糖霜
轮廓:白色/中度
填充:白色/软
图案
花瓣:白色/硬
花蕊、水滴:金黄/中度
树枝:棕色+黑色/中度
叶子:苔绿色/硬
文字、花纹:皇家蓝+黑色+圣诞红/中度

1. 填充好底，表面干燥后用中度糖霜画出文字和花纹。

2. 画好花茎后，将裱花袋的开口处剪成V字形，挤出花瓣和叶子的图案，最后画上花蕊。

3. 用中度糖霜在周围画一圈水滴形状的花边。

❷柠檬

糖霜
轮廓:白色/中度
填充:白色/软
柠檬
轮廓:金黄/中度
填充:金黄/软
花纹:白色/中度
图案
花瓣:白色/硬
花蕊:金黄/中度
花环:棕色+黑色/中度
叶子:苔绿色/硬
水滴:皇家蓝+黑色+圣诞红/中度

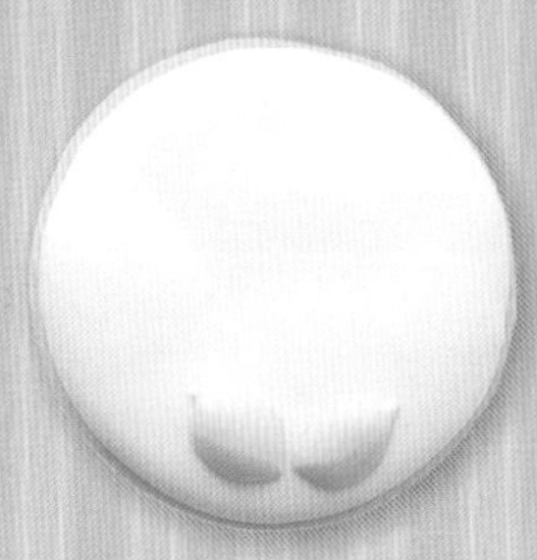

1. 底面干燥之后，画出柠檬的轮廓并填充饱满。

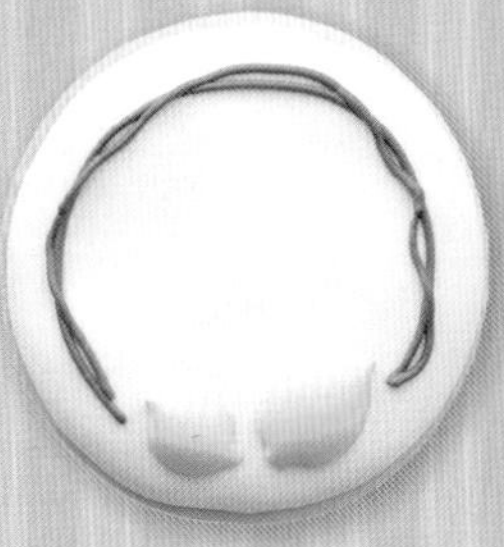

2. 画两条曲线,作为花环的骨架。

3. 裱上花和叶子，画出柠檬的高光，最后在周围画一圈水滴形状的花边。

❸薰衣草

糖霜
轮廓:白色/中度
填充:白色/中度
蕾丝
轮廓:皇家蓝+黑色+圣诞红/中度
填充:皇家蓝+黑色+圣诞红/软
图案
花、水滴、圆点:皇家蓝+黑色+圣诞红/中度
花茎:苔绿色/中度
蝴蝶结:金黄/中度
水滴:白色/中度

1. 底面干燥之后，用中度糖霜画上蕾丝图案，精细的部分用糖霜针填涂。

2. 装饰上水滴和圆点形的花纹；画出薰衣草的花茎并用圆点来表现花朵。

3. 用中度糖霜在薰衣草的花茎上装饰上蝴蝶结即可完成。

Modern Wedding
现代婚礼

西田春美

❶正方形

糖霜

轮廓:黑可可粉/中度
填充:黑可可粉/软
花纹:金黄+棕色/中度
圆点:白色、玫红色+黑色/中度

材料

银糖珠
食用糖珍珠
金色珍珠粉:适量
杜松子酒:适量

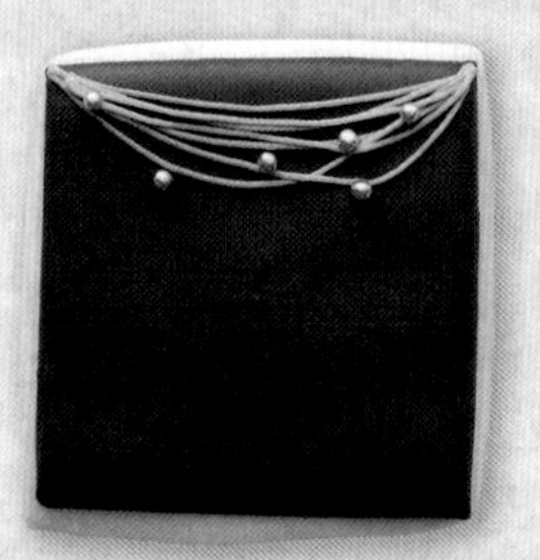

1. 填充好底面，表面干燥之后画出花纹，并在花纹干燥之前装饰上银糖珠。

2. 用中度糖霜画上圆点。

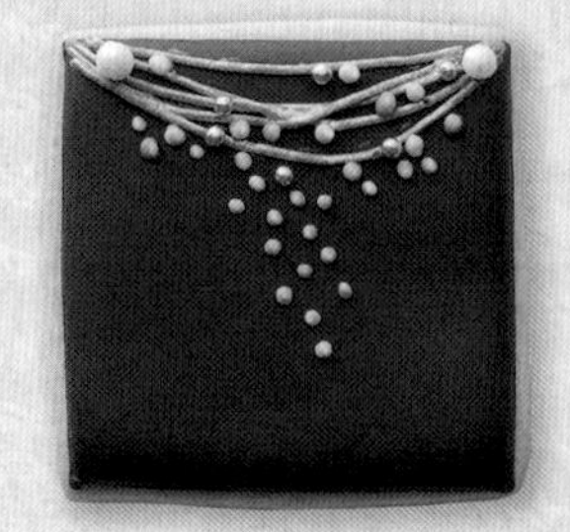

3. 镀上金彩，用中度糖霜固定糖珍珠。

❷现代蛋糕

糖霜

轮廓:白色、黑可可粉/中度
填充:白色、黑可可粉/软
花纹:金黄+棕色/中度
玫瑰:白色/硬

材料

金色珍珠粉:适量
杜松子酒:适量

1. 画出轮廓,错开时间进行填充。

2. 将水滴花纹上下稍错开一点挤出，画成心形。

3. 用溶于杜松子酒的金色珍珠粉镀上金彩，裱上玫瑰（参照 P13、用 101 号裱花嘴）。

❸花朵

糖霜

轮廓:黑可可粉/中度
填充:黑可可粉/软
花纹:白色/中度
玫瑰:红色+棕色/硬

1. 底面干燥之后，从中央开始画出放射状的圈。

2. 每个圈的外端装饰上3个圆点。

3. 制作裱花玫瑰（参照 P13、用 101s 号裱花嘴），玫瑰干燥后用中度糖霜固定在中央。

❹相框

糖霜

轮廓:黑可可粉/中度
填充:黑可可粉/软
花纹:白色/中度
玫瑰:红色+棕色/硬

1. 底面干燥之后，从中央开始上下画4个、左右画2个圈。

2. 在圈的周围画上花纹，画的时候注意保持画面的平衡感。

3. 装饰上圆点，也可在中央裱上三朵玫瑰（参照 P13、用 101s 号裱花嘴）。

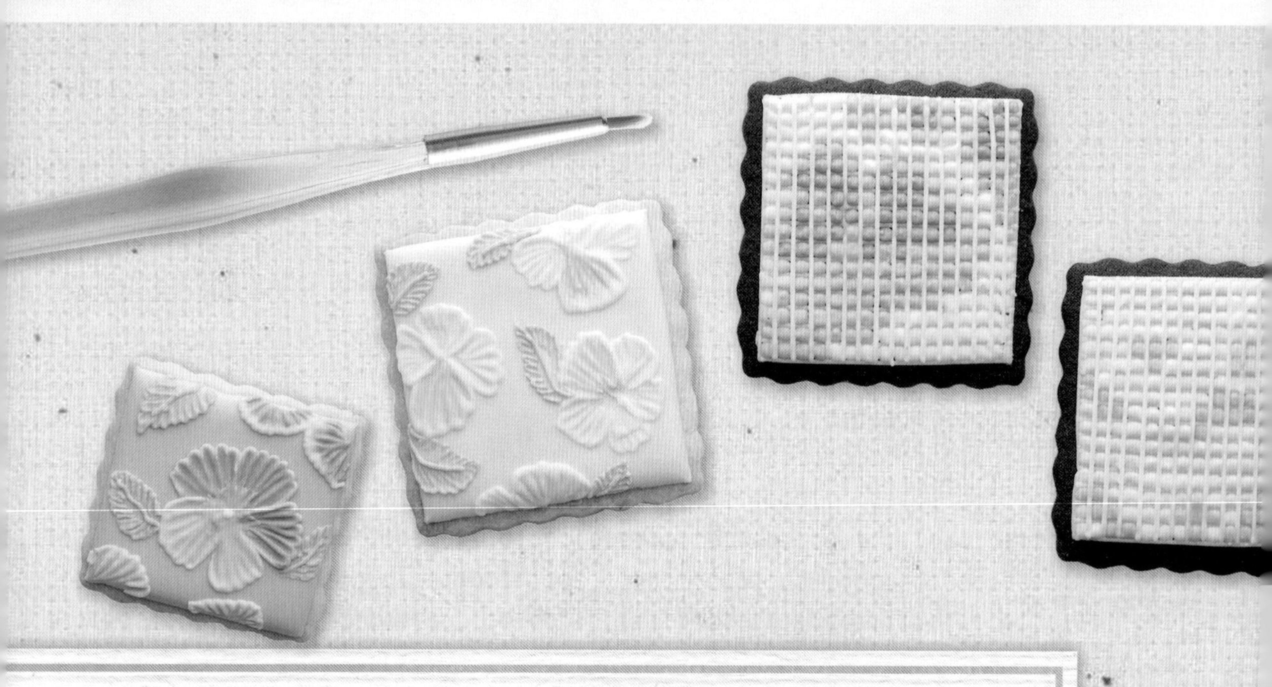

Color Embroidery & Color Needle

彩色刺绣和
彩色针织

堀志穗

❶三色堇刺绣（紫）

糖霜

轮廓：天蓝色+棕色/中度

填充：天蓝色+棕色/软

画笔刺绣：紫色的深浅色、金黄、苔绿色/中度

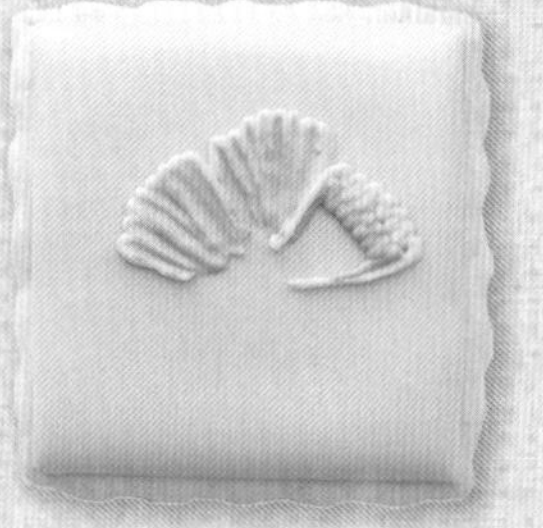

1. 用浅紫色挤出曲线，并紧贴下方用深紫色挤出曲线，用画笔晕染，重复这个过程画出3枚花瓣。

2. 在画出的花瓣的下方用更浅的紫色挤出曲线并晕染，画出2枚花瓣。在中央挤出黄色，向外侧晕染。

3. 画出叶子，向中央晕染表现出叶脉，最后在叶子中间用中度糖霜画一条线。

❷三色堇刺绣（白）

糖霜

轮廓：粉色+棕色/中度

填充：粉色+棕色/软

画笔刺绣：白色、金黄、苔绿色/中度

1. 用白色糖霜画曲线并晕染，重复这个过程画出4枚花瓣。

2. 画第5枚花瓣时，在白色曲线下紧贴着画一条黄色曲线，用画笔晕染。

3. 画出叶子，向中央晕染表现出叶脉，最后在叶子中间用中度糖霜画一条线。

❸三色堇针织（紫）

糖霜
轮廓:白色/中度
填充:白色、紫色的深浅色、金黄、苔绿色/稍软

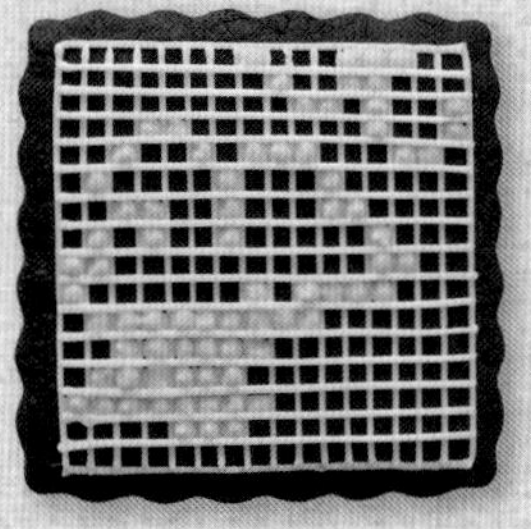

1. 画好轮廓和网格，填涂浅紫色的部分。

2. 填涂深紫色的部分。

3. 填涂花蕊和叶子的部分，最后用白色填涂背景。

❹三色堇针织（白）

糖霜
轮廓:白色/中度
填充:白色、金黄、苔绿色、粉色+棕色/稍软

1. 画好轮廓和网格，填涂白色的部分。

2. 填涂花蕊和叶子的部分。

3. 最后用粉色填涂背景。

Kid's Toy
儿童玩具

❶球 池田真纪子

糖霜

轮廓:白色、黑色、金黄、粉色+金黄/中度

填充:白色、黑色、金黄、粉色+金黄/软

圆点:黑色、金黄、粉色+金黄/中度

玛格丽特花

花瓣:白色/中度

花蕊:金黄/中度

1. 在油纸上呈放射状挤出水滴图案，在中央画上圆点。完全干燥后取下来。

2. 在饼干上画出轮廓后，立刻用软糖霜填充所有颜色。

3. 装饰上圆点后，用中度糖霜将玛格丽特花固定在中央。

❷玩具箱 三原裕美

糖霜

花纹、组装: 皇家蓝+棕色+黑色/中度

1. 烘烤好 0.5mm 厚的饼干（宽侧面：10cm×3.5cm×2 块、窄侧面：3.5cm×3.5cm×2 块、底面：10cm×4.5cm×1 块）。

2. 用中度糖霜将饼干组装起来并完全干燥，组装好后在所有的面画花纹。

3. 先纵向画两条线（在组装好的饼干上画）。

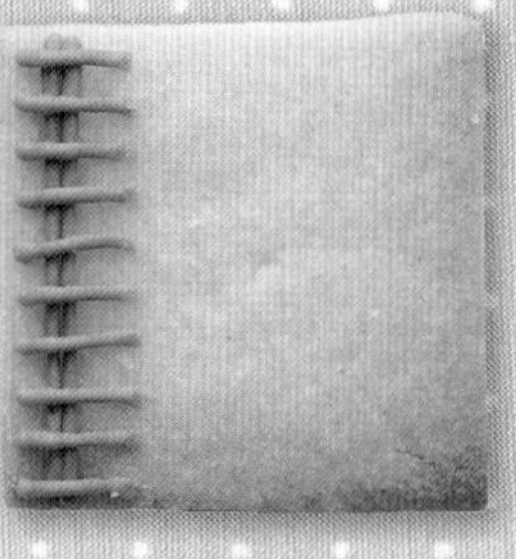

4. 横向跨过竖线画线，横线之间留出一条线的距离。

5. 横线画完之后紧挨着横线再画两条竖线，然后在之前空出的空间里填上横线，重复这个过程。

6. 注意在盒子的拐角处也画上花纹，最后在上下边缘处画上绳子形状的线。

❸木马 池田真纪子

糖霜

轮廓: 白色、黑色/中度
填充: 白色、黑色/软

马鞍

轮廓、圆点: 粉色+金黄/中度
填充: 粉色+金黄/软
圆点: 白色/软

图案

鬃毛、马尾: 黑色/中度
辔头: 金黄/中度
叶子、花藤: 苔绿色/中度
小花: 金黄/中度

1. 底面干燥后画出马鞍的轮廓并填充，填充完成后立即用软糖霜画上圆点。

2. 画出叶子、花藤、辔头和圆点图案，装饰上小花。

3. 画上马尾的图案，鬃毛的部分用双重水滴形状来表现。

❹婴儿积木 池田真纪子

糖霜

轮廓: 黑色、金黄、粉色+金黄/中度
填充: 黑色、金黄、粉色+金黄/软
横条: 白色/软

图案

圆点: 黑色/中度
字母: 苔绿色/中度
线圈: 粉色+金黄/中度

1. 画好轮廓后错开时间填充底色，横条部分要在糖霜干燥之前填充好。

2. 挤一圈正方形的线圈，装饰上花纹和圆点图案。

3. 画出英文字母，注意保持画面平衡，画上叶子和果实，最后装饰上花朵。

Handkerchief
手帕

林稜子

❶白色

糖霜

轮廓、名字首字母、花纹：白色/中度

填充：白色/软

1. 画轮廓、填充底色。

2. 写上名字首字母，周围画上曲线的花边。

3. 在名字首字母的周围装饰上水滴、花朵、圆点等图案即可完成。

❷蓝色

糖霜

轮廓、小花：天蓝色+棕色/中度

填充：天蓝色+棕色/软

名字首字母、花纹：白色/中度

1. 画出轮廓和蕾丝的图案。

2. 精细的部分用糖霜针填充。

3. 将蕾丝图案描边，最后画上名字首字母和装饰花纹等。

❸玫红色

糖霜

轮廓：粉色+棕色/中度

填充：粉色+棕色/软

名字首字母、花纹：白色/中度

图案

玫瑰：粉色+棕色/软

叶子：苔绿色+棕色/软

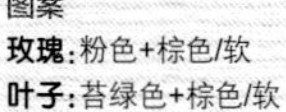

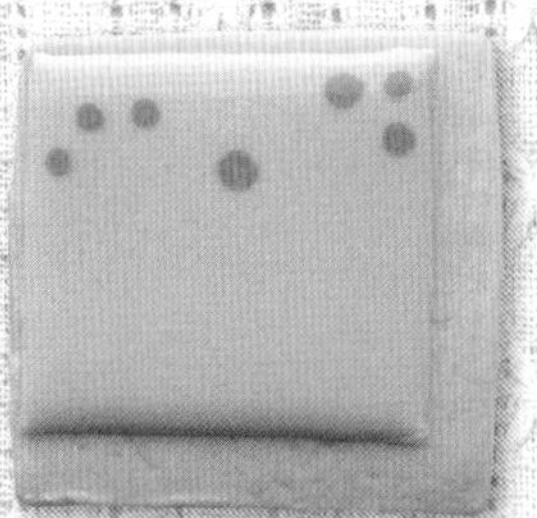

1. 画轮廓、填充底面，底面干燥之前挤上圆点，用糖霜针画圈画出玫瑰的图案。

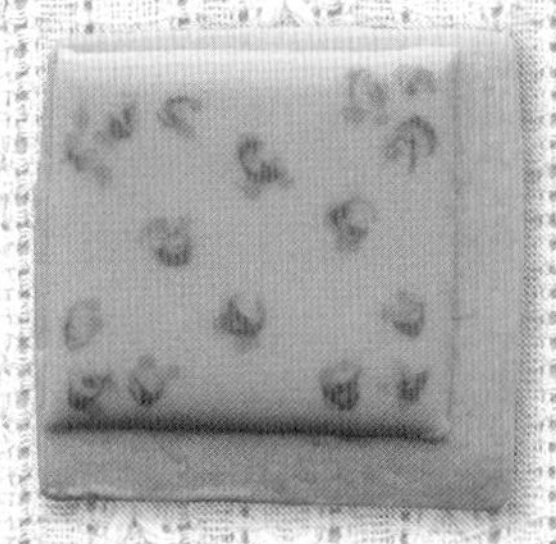

2. 再挤出圆点，用糖霜针向斜下方刮画，形成叶子的图案。

3. 底面干燥后，用中度糖霜画上名字首字母和蕾丝图案。

3D Butterfly & Flower

3D 蝴蝶与花朵

Mon Cheri

❶❷3D蝴蝶

糖霜

轮廓、花纹：玫红色+黑色、柠檬黄+棕色/中度

填充、花纹：玫红色+黑色、柠檬黄+棕色/软

3D蝴蝶：金黄+棕色/中度

材料

金色珍珠粉：适量

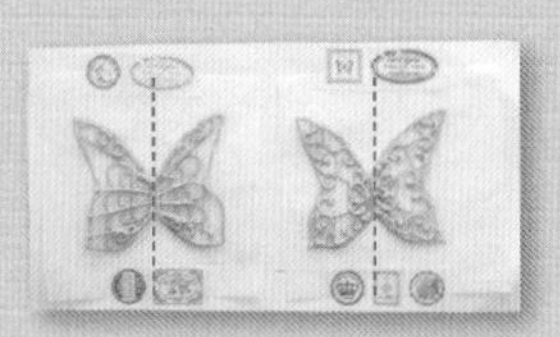

1. 在对折出印的油纸上画出镂空蝴蝶的翅膀，完全干燥备用。

2. 将锡纸折成凹型，在中央挤上圆点连接左右的镂空翅膀。用干燥的画笔刷上金色珍珠粉。

3. 在饼干上制作粉色蝴蝶时，先填充底面，然后画上花纹和圆点。

4. 在饼干上制作象牙白色蝴蝶时，填充完底面后立即画上两条线，然后用糖霜针向内侧刮画，最后在中央挤上圆点。

5. 用中度糖霜固定镂空蝴蝶翅膀。

※由于3D蝴蝶比较容易损坏，因此可以多制作几个备用。

❸❹3D花朵

糖霜

轮廓:紫色+黑色、柠檬黄+棕色/中度
填充:紫色+黑色、柠檬黄+棕色/软
3D花蕊:金黄+棕色/中度

材料

金色珍珠粉:适量
起酥油:适量

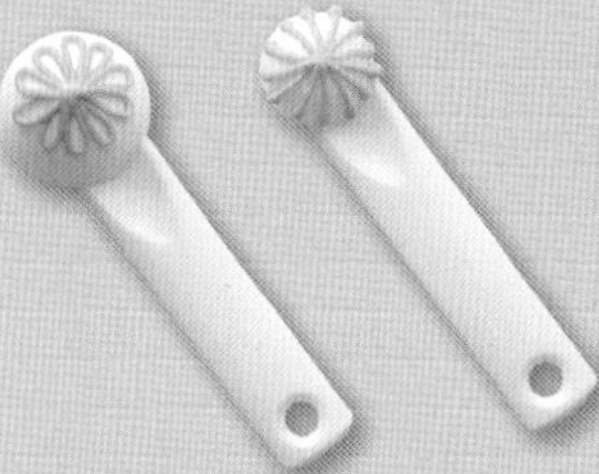

1. 在量匙（或小匙）的背面薄薄地涂一层起酥油，画出花蕊。

2. 完全干燥后，轻轻地向上提起取下，用干燥的画笔刷上金色珍珠粉。

3. 用中度糖霜在饼干上画出轮廓。

4. 将花瓣间隔填充。

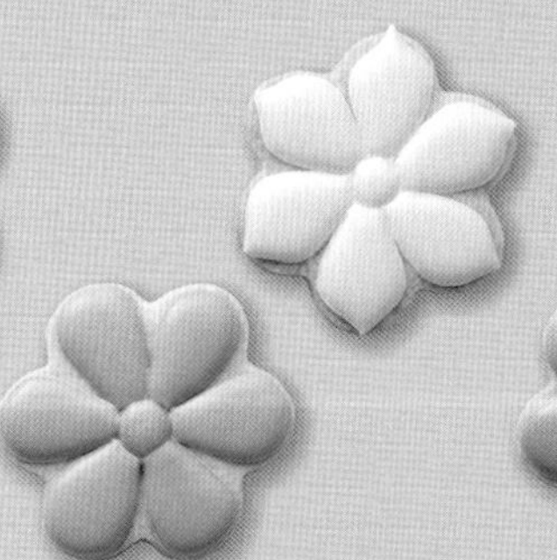

5. 表面干燥后,填充其余的部分。

6. 用中度糖霜固定3D花蕊即可完成。

Babyshower
迎婴聚会

西田春美

❶玫瑰花样蛋糕、婴儿围嘴、连体衣

糖霜

轮廓:圣诞红+棕色/中度
填充:圣诞红+棕色/软
图案
玫瑰:圣诞红+棕色的深浅色/软
叶子:苔绿色+棕色的深浅色/软
水滴、蕾丝:白色/中度
褶边:白色/硬

1. 分别画出围嘴和连体衣的轮廓。

2. 填充完底色后，立即挤出深浅双色的重叠圆点，干燥之前用糖霜针画圈，做出玫瑰的图案。

3. 再次挤出深浅双色重叠圆点，用糖霜针向斜下方刮画出心形的叶子。

4. 在蛋糕上画上蕾丝图案，在边缘装饰上圆点。

5. 在围嘴的边缘挤出两层Z字形的花边。

6. 把裱花袋的尖端斜着剪一个7mm的切口，在连体衣的腰部挤出两层褶边即可。

❷圆点花样围嘴、连体衣

糖霜

轮廓:圣诞红+棕色/中度
填充:圣诞红+棕色/软
图案
圆点:圣诞红+棕色/软
蕾丝、圆点、蝴蝶结:白色/中度

1. 画轮廓、填充底面后立即挤上圆点。

2. 在连体衣的领子周围装饰上圆点和蝴蝶结。

3. 在围嘴上装饰上蝴蝶结和蕾丝即可。

❸心

糖霜

轮廓:圣诞红+棕色/中度
填充:圣诞红+棕色/软
图案
蕾丝、圆点、文字:白色/中度

1. 底面干燥后，用中度糖霜画一个心形。

2. 在心形边缘画上蕾丝和圆点图案。

3. 最后写上文字即可完成。

Quilting
绗缝

Lumos

❶正方形玫瑰

糖霜

轮廓、圆点:金黄+棕色/中度
填充:金黄+棕色的深浅色/软
图案
玫瑰:圣诞红+棕色/软
叶子:苔绿色/软

1. 画轮廓、用软糖霜填充茶色部分。

2. 填充好象牙白色部分后，干燥之前挤出圆点，用糖霜针画圈做出玫瑰的图案。再次挤出圆点，用糖霜针刮画出叶子的图案。

3. 用中度糖霜在四周装饰上圆点花边即可。

❷正方形绗缝

糖霜

轮廓、圆点、水滴:金黄+棕色的深浅色/中度
填充:金黄+棕色的深浅色/软
玫瑰:圣诞红+棕色/硬
叶子:苔绿色/硬

1. 画出轮廓、中央的圆形和圆外的格子状线。

2. 精细的部分用糖霜针，间格填充。错开时间填充好剩余的部分。

3. 在中央裱上3朵玫瑰（参照P13）、花之间裱上叶子（参照P13）。最后装饰上水滴和圆点花边即可完成。

❸圆形绗缝

糖霜

轮廓、圆点、水滴:金黄+棕色/中度
填充:金黄+棕色、天蓝色+黑色、玫红色+黑色/软
画笔刺绣、圆点:金黄+棕色/中度
玫瑰:圣诞红+棕色/硬
叶子:苔绿色/硬

1. 挤出3个山形的曲线，用细笔晕染，重复这个过程画出一圈的花边（参照P12）。

2. 第二圈也用同样的方法画曲线、用画笔晕染。

3. 画轮廓和格子状线。

4. 精细的部分使用糖霜针，间格填充。错开时间填充好剩余的部分。

5. 在画笔刺绣和绗缝图案的交界处装饰上水滴形的花边。

6. 画上圆点，裱上和正方形绗缝一样的玫瑰和叶子。

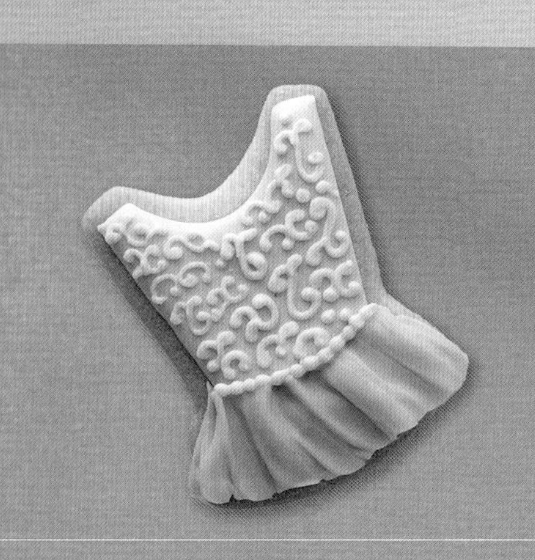

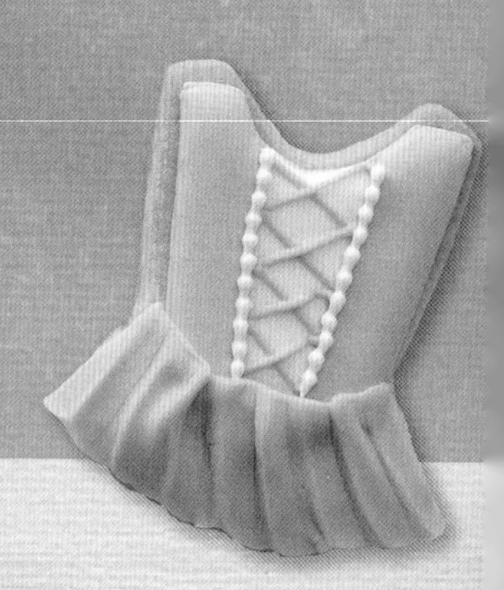

Ballet

芭蕾

Mon Sucre

❶紧身衣

糖霜

轮廓、花纹：红色+棕色、皇家蓝+棕色、紫色+棕色、紫红色+棕色、金黄+棕色/中度

填充：红色+棕色、皇家蓝+棕色、紫色+棕色、紫红色+棕色、金黄+棕色/软

叶子：苔绿色+棕色/中度

翻糖

褶边：红色+棕色、皇家蓝+棕色、紫色+棕色、紫红色+棕色

材料

杜松子酒：适量

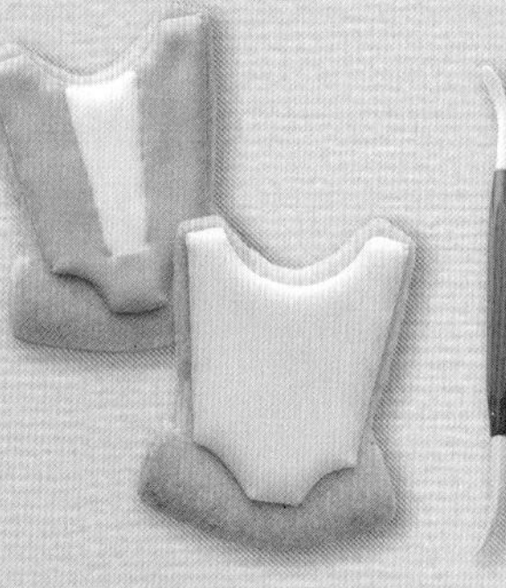

1. 在饼干上画轮廓、填充底色。

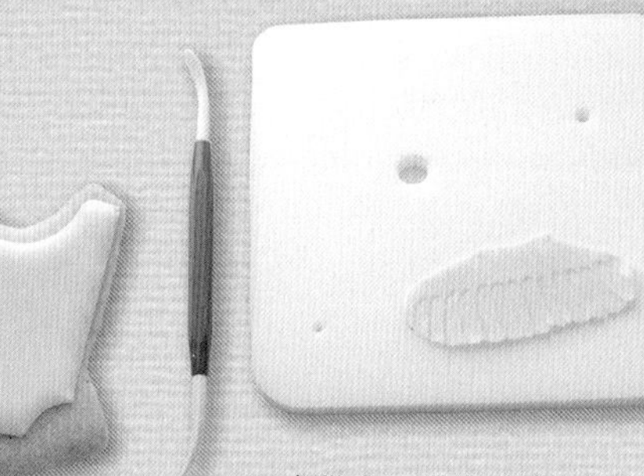

2. 把擀成1mm厚的翻糖放在海绵垫上，用造型工具压住翻糖并向自己的方向拉，做出褶边。

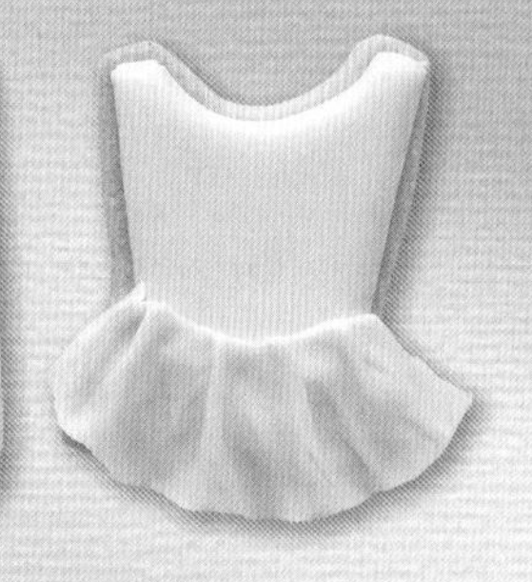

3. 将褶边用剪刀剪成2cm×5cm大小，一边稍折叠出裙褶一遍用杜松子酒固定。

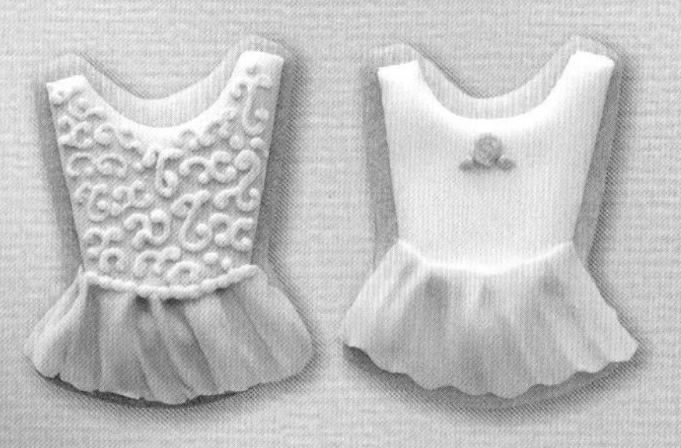

4. 用中度糖霜在蓝色的紧身衣上画上花纹、在粉色的紧身衣上画上玫瑰和叶子的图案。

5. 在胭脂红的紧身衣上用中度糖霜挤出交叉线和水滴形花边。

6. 将剪成1.5cm×1.5cm大小的翻糖褶边折成扇形，固定在紫色紧身衣的肩部。在紧身衣和裙褶的交界处挤上Z字形花边。

②抽绳束口袋

糖霜

轮廓、花纹：红色+棕色、紫红色+棕色、金黄+棕色/中度

填充：紫红色+棕色、金黄+棕色/软

芭蕾鞋

轮廓、蝴蝶结：紫色+棕色、紫红色+棕色/中度

填充：紫色+棕色、紫红色+棕色/软

翻糖

袋口：红色+棕色、紫红色+棕色、金黄+棕色

材料

杜松子酒：适量

1. 将两种颜色的翻糖分别擀薄，重叠在一起后再一同擀薄。

2. 将翻糖切成1.5cm×8cm大小，使象牙白色的一面为内侧做成一个圈，在下侧折叠出褶皱并用杜松子酒固定。

3. 底面干燥后，画上心形轮廓并填充，画上芭蕾鞋图案。最后装饰上蝴蝶结和花纹等即可完成。

③花束

糖霜

玫瑰红色+棕色、金黄+棕色、紫色+棕色/硬

花茎：苔绿色+棕色/中度

叶子：苔绿色+棕色/硬

材料

食用糖珍珠：适量

1. 用中度糖霜画出五根交叉的花茎。

2. 固定上干燥好的裱花玫瑰（参照P13）和糖珍珠。

3. 把裱花袋的切口剪成V字形，裱上叶子（参照P13）。

Dress
连衣裙

高桥悦子

❶连衣裙

糖霜

轮廓:柠檬黄+棕色/中度
填充:柠檬黄+棕色、粉色+棕色/软
花纹、画笔刺绣:柠檬黄+棕色/中度

材料

银糖珠:适量
食用糖珍珠:适量

1. 在饼干上画轮廓。

2. 填充一部分的底色。

3. 错开时间填充剩余的部分。

4. 画出 3 个小山形状的曲线，用画笔晕染，重复这个过程画好第一列裙褶（参照 P12 画笔刺绣）。

5. 用同样的方法，自下而上晕染曲线，重复这个过程画出所有的裙褶。

6. 用中度糖霜画出花纹，装饰上食用糖珍珠和银糖珠。

❷❸花

糖霜

轮廓:柠檬黄+棕色、粉色+棕色/中度
填充:柠檬黄+棕色、粉色+棕色/软
画笔刺绣:柠檬黄+棕色、粉色+棕色、白色/中度

材料

食用糖珍珠:适量

1. 在饼干上画轮廓并填充底面。

2. 粉色的花用象牙白色一种颜色、象牙白色花用粉色和白色两种颜色进行画笔刺绣（参照 P12）。

3. 在中央装饰上两层糖珍珠即可。

Tea Time

下午茶时间

①双层蛋糕　上田美希

糖霜

轮廓、花纹: 天蓝色+黑色/中度
填充: 白色、天蓝色+黑色/软
蝴蝶结: 皇家蓝+黑色/中度

材料

银糖珠

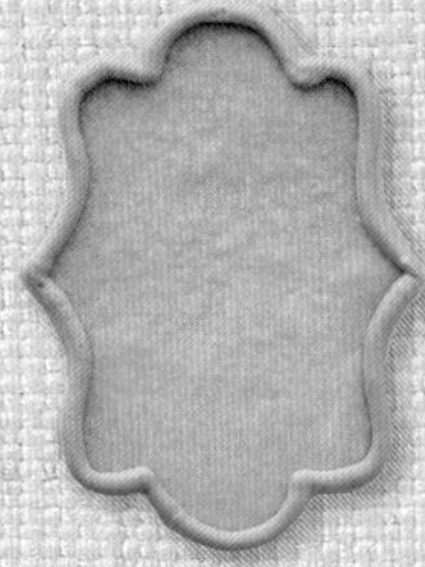

1. 把裱花袋的切口剪大一些，用中度糖霜在饼干上画出轮廓。

2. 错开时间填充底色。

3. 用中度糖霜画出蛋糕和点心架的轮廓。

4. 错开时间，用软糖霜填充。

5. 用软糖霜画一个圆点，干燥之前在周围装饰上银糖珠。

6. 用中度糖霜画上蝴蝶结和蕾丝等图案即可完成。

❷马卡龙 上田美希

糖霜
轮廓、花纹：天蓝色+黑色/中度
填充：白色/软
马卡龙
马卡龙：天蓝色+黑色、玫红色+棕色/中度
奶油夹心：白色/中度

1. 和“双层蛋糕”一样，底面干燥之后，画出点心架轮廓并填充。

2. 用中度糖霜画出马卡龙，在每个马卡龙中间挤出圆点，作为奶油夹心的图案。

3. 用中度糖霜在点心架上装饰上蝴蝶结。

❸茶具 一色绫子

糖霜
轮廓、花纹：白色/中度
填充：天蓝色+黑色、白色/软
图案
玫瑰：玫红色+棕色+黑色/软
叶子：苔绿色/软
材料
银糖珠

1. 画出轮廓后，用软糖霜填充一部分的底色。

2. 错开时间填充剩余的底色，干燥之前挤上圆点，用糖霜针勾圈画出玫瑰的图案。再次挤上圆点，用糖霜针刮画出叶子。

3. 用中度糖霜画出茶壶把手和花纹，最后在盖子上装饰上银糖珠。

Wreath

花环

岛田沙也加

❶花环

糖霜
轮廓、蕾丝：白色、皇家蓝+棕色/中度
填充：白色、皇家蓝+棕色/软

1. 画出轮廓和蕾丝图案。

2. 精细的部分用糖霜针填涂。

3. 用中度糖霜画出文字和花纹等，最后装饰上花和叶子（参照P13）。

❷五瓣花

糖霜
花瓣：叶绿色、皇家蓝+棕色/硬
材料
饰糖

1. 一边逆时针旋转花钉，一边将裱花嘴的窄口向外、轻轻地上下移动裱出一枚糖霜花瓣。

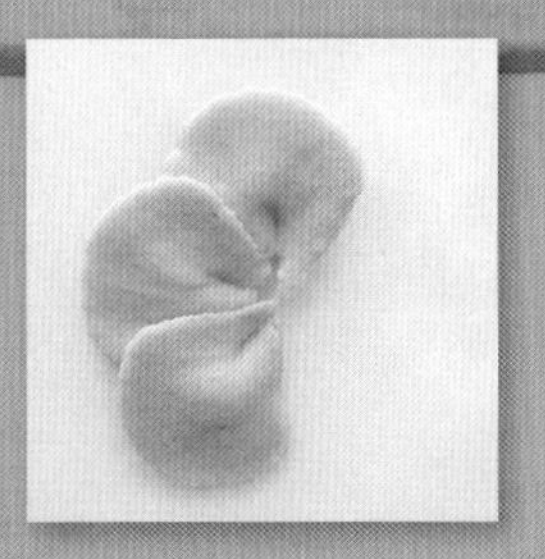

2. 从第二枚以后，每次都将裱花嘴插到前一枚花瓣的下方开始裱花。每次裱花瓣时，都向着中央的方向切断。

3. 裱最后的一枚花瓣时，为了避免削掉第一枚花瓣，应在裱花嘴稍稍立起的状态下挤出糖霜，然后用画笔把立起的花瓣抚平。最后挤出圆点作为花蕊。

❸玛格丽特花

糖霜
花瓣：白色、圣诞红+皇家蓝+棕色/硬
材料
饰糖

1. 一边逆时针旋转花钉一边挤出糖霜，轻轻地上下移动裱花嘴裱出一枚小花瓣。

2. 从第二枚以后，每次都将裱花嘴插到前一枚花瓣的下方开始裱花，共裱出7枚。

3. 裱最后的一枚花瓣时，为了避免削掉第一枚花瓣，应在裱花嘴稍稍立起的状态下挤出糖霜，然后用画笔把立起的花瓣抚平。最后挤出圆点作为花蕊。

❹菊花

糖霜
花瓣：白色、圣诞红+皇家蓝+棕色、叶绿色/硬
材料
饰糖

1. 用和"五瓣花"一样的方法，在最外层裱出10~12枚小花瓣。

2. 在第二层，稍稍向内侧裱出8~9枚花瓣。

3. 在第三层使中央不留空隙地裱出3~5枚花瓣。注意要随花瓣向内弯曲的程度，调整裱花嘴立起的角度。

Birdcage
鸟笼

松浦绘美

1 枝形吊灯

糖霜

模绘板:白色/稍软

1. 将模绘板纸铺在饼干上，用纸胶带固定。

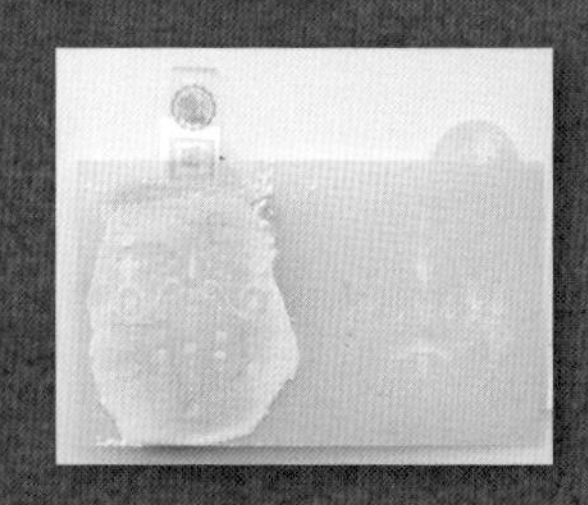

2. 用抹刀涂上糖霜，并除去多余的糖霜。

3. 将模绘板纸从正上方慢慢地揭掉。

2 for you

糖霜

模绘板:白色/稍软

固定用糖霜:白色/中度偏硬

材料

银糖珠

丝带（非食用）

1. 和“枝形吊灯”一样，用模绘板纸印出图案。

2. 用中度糖霜固定银糖珠，做出花环的形状。

3. 装饰上丝带即可完成。

3 鸟笼

糖霜

模绘板:白色/稍软

轮廓:白色/中度

填充:白色/软

材料

银糖珠

丝带（非食用）

1. 用模绘板纸印出图案。

2. 画出轮廓及蕾丝花纹。

3. 精细的部分用糖霜针填涂，最后装饰上银糖珠和丝带即可完成。

Swan
天鹅

宫崎典惠

❶白天鹅

糖霜

轮廓、花纹：白色、黑色+紫色、金黄+棕色/中度

填充：白色、黑色+紫色、金黄+棕色/软

画笔刺绣：白色/中度

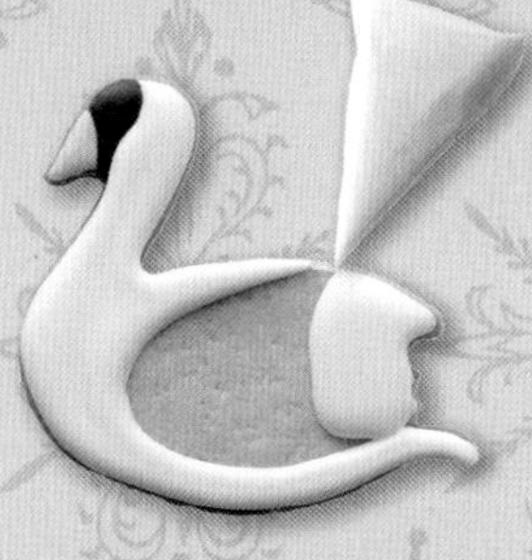

1. 用中度糖霜画出轮廓并错开时间填充。

2. 羽毛部分要一片一片地完成。先画出曲线，然后用画笔晕染，重复这个过程画出第一层羽毛（参照P12 画笔刺绣）。

3. 同样，第二层以后也重复运用画笔刺绣手法，画出所有的羽毛。

❷一片羽毛

糖霜

轮廓、花纹：白色、苔绿色+皇家蓝+棕色/中度

填充：白色、苔绿色+皇家蓝+棕色/软

羽毛：白色/硬

1. 底面干燥后，用小号裱花嘴挤出水滴状，在中央用画笔做出羽毛瓣的纹理。

2. 共挤出5个羽毛瓣并做出纹理，组成一片羽毛的形状。

3. 用中度糖霜画出羽毛的轴和花纹，最后在边缘装饰上水滴花纹即可完成。

❸两片心形羽毛

糖霜

轮廓：苔绿色+皇家蓝+棕色/中度

填充：苔绿色+皇家蓝+棕色/软

羽毛：白色/硬

水滴：白色/中度

1. 底面干燥后，用小号裱花嘴挤出共8个水滴形状，组成弧形，每次挤出水滴都用画笔在中央做出纹理。

2. 左右两侧各画出两层羽毛后，在每侧羽毛的上方各挤出一个稍长一些的水滴形状。

3. 最后在边缘处，每两个水滴一组画出心形花边。

Frame
相框

❶马赛克相框 山内友惠

糖霜
轮廓、水滴：棕色/中度
填充：棕色/软
马赛克图案
轮廓：黑色、粉色+黑色/中度
填充：黑色、粉色+黑色/软
材料
金色珍珠粉：适量

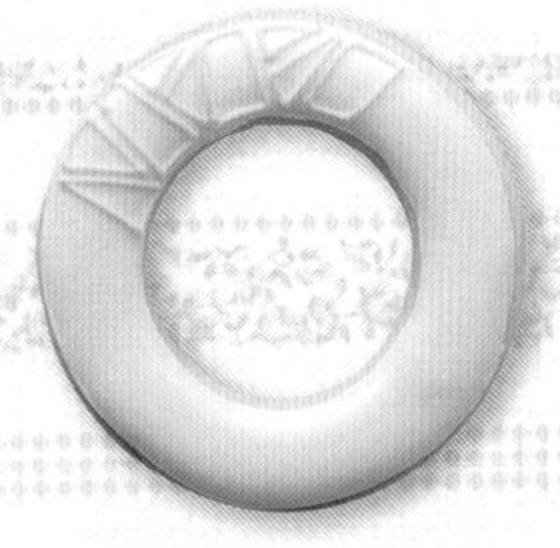

1. 底面干燥后，用中度糖霜画出马赛克的轮廓。

2. 精细的部分用糖霜针填涂。

3. 在边缘处画上水滴形状的花边，干燥后用画笔刷上金色珍珠粉即可完成。

❷方形相框 山内友惠

糖霜
轮廓：棕色/中度
填充：棕色/软
花纹：金黄+棕色/中度
材料
杜松子酒：适量
金色珍珠粉：适量
银糖珠

1. 在饼干上画轮廓，填充底面。

2. 用中度糖霜画出花纹。

3. 用溶于杜松子酒的金色珍珠粉镀上金彩，最后装饰上银糖珠。

❸波浪形相框 中村小百合

糖霜
轮廓：黑色/中度
填充：黑色/软
花纹：棕色/中度
翻糖
玫瑰：粉色+黑色

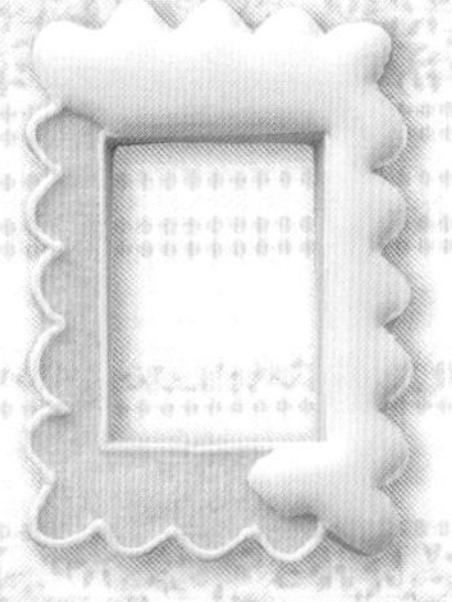

1. 在饼干上画轮廓，填充底面。

2. 用中度糖霜画出花纹。

3. 用模具制作玫瑰（参照P16）并用中度糖霜固定。

❹圆形相框 中村小百合

糖霜
轮廓：黑色/中度
填充：黑色/软
花纹：粉色+黑色/中度
翻糖
蝴蝶结：粉色+黑色
材料
杜松子酒：适量
食用糖珍珠

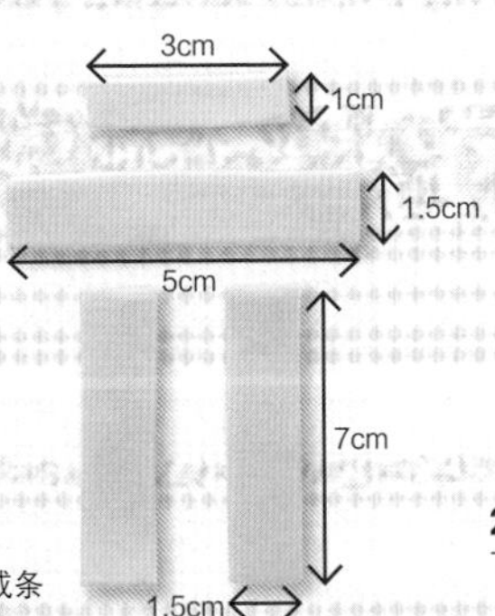

1. 将翻糖擀成1mm厚并切成条状（1cm×3cm一片、1.5cm×7cm两片、1.5cm×5cm一片）。

2. 制作蝴蝶结（参照P16），垂下的两条丝带分别折出2个褶皱。

3. 底面干燥后画上花纹，用杜松子酒固定蝴蝶结。最后用中度糖霜装饰上糖珠即可完成。

Color Embroidery

彩色刺绣

松本彩香

❶小鸟

糖霜

轮廓、花边:橙色+棕色/中度
填充:橙色+棕色/软
图案
鸟:柠檬黄+棕色、白色/中度
花:玫红色+棕色的深浅色/中度
花藤、叶子:叶绿色+柠檬黄+棕色的深浅色/中度
小花、花纹:白色/中度

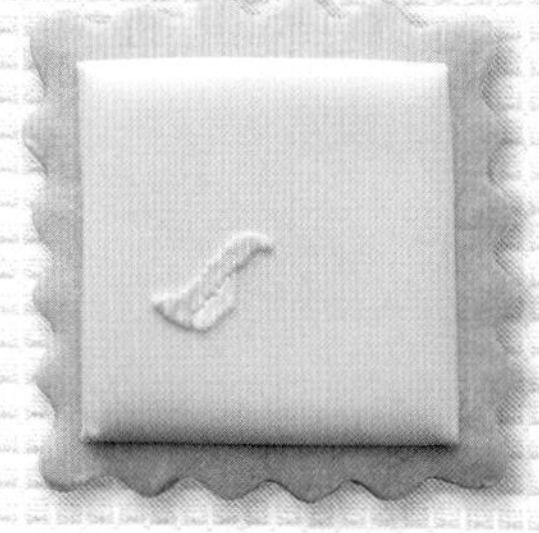

1. 底面干燥后，给裱花袋剪一个细口，用中度糖霜以Z字形画出鸟的形状。用水滴和圆点形状画出眼睛、嘴巴和尾巴。

2. 用中度糖霜画出漩涡状的玫瑰图案。

3. 通过组合Z字形、水滴和圆点形状，画出小花和花纹等即可完成。

❷花朵

糖霜

轮廓:橙色+粉色加入棕色/中度
填充:橙色+粉色加入棕色/软
图案
花瓣:紫色+棕色的深浅色/中度
花蕊:柠檬黄+棕色/中度
叶子:叶绿色+柠檬黄+棕色的深浅色/中度
小花、花纹:橙色+粉色加入棕色/中度
花边:白色/中度

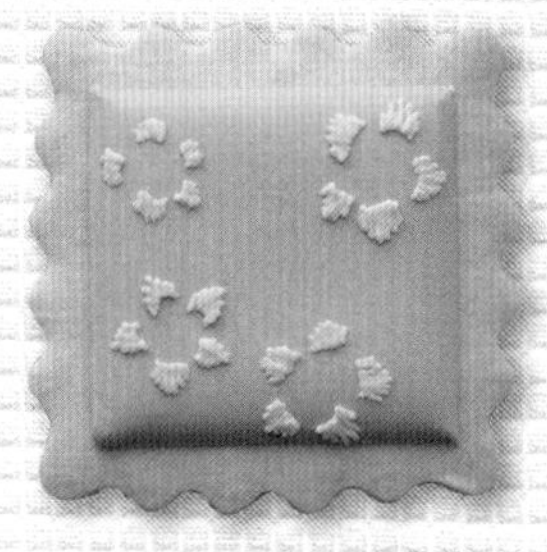

1. 底面干燥后，用浅紫色以Z字形画出花瓣的外侧部分。

2. 用深紫色以Z字形稍与外侧重叠地画出花瓣的内侧部分。

3. 画出圆点组成的花蕊及其他花纹，最后在周围装饰上Z字形和圆点的花边。

❸心

糖霜

轮廓、花边:橙色+棕色/中度
填充:橙色+棕色/软
图案
花瓣:橙色+粉色加入棕色/中度
花蕊:柠檬黄+棕色/中度
花藤、叶子:叶绿色+柠檬黄+棕色/中度

1. 底面干燥后，给裱花袋剪一个细口，用中度糖霜以Z字形画出心形。

2. 以Z字形挤出花瓣和叶子的形状，用3~4条线画出花蕾。

3. 在花的中央用圆点画出花蕊，最后在四周围上圆点形状的花边。

Color Lace

彩色蕾丝

高桥悦子

❶彩色蕾丝A

糖霜

轮廓、圆点:柠檬黄+棕色/中度
填充:柠檬黄+棕色/软
Z字形、水滴:白色/中度
蕾丝、花纹:皇家蓝+棕色/中度
圆点:柠檬黄+棕色/中度

1. 底面干燥后，画出蕾丝的轮廓和水滴形状组成的心形图案。

2. 横跨蕾丝轮廓挤出Z字形图案。

3. 用圆点组合成金字塔形，最后在周围画上蕾丝图案。

❷彩色蕾丝B

糖霜

轮廓、圆点:柠檬黄+棕色/中度
填充:柠檬黄+棕色/软
水滴、圆点、蕾丝:白色/中度
圆点、Z字形、花纹:皇家蓝+棕色/中度

1. 底面干燥后，用中度糖霜画出曲线和花纹等。

2. 在周围画出蕾丝的轮廓，横跨轮廓挤出Z字形图案。

3. 装饰上圆点和蕾丝，最后挤上水滴图案即可完成。

❸彩色蕾丝C

糖霜

轮廓、圆点:柠檬黄+棕色/中度
填充:柠檬黄+棕色/软
圆点:白色、柠檬黄+棕色/中度
网眼图案:皇家蓝+棕色、柠檬黄+棕色/中度
Z字形:皇家蓝+棕色/中度

1. 填充底面，干燥后画出蕾丝的轮廓。

2. 横跨蕾丝轮廓，用中度糖霜挤出Z字形图案。

3. 在中间画出网眼图案，装饰上水滴和圆点图案等即可完成。

Bridal
婚礼

❶玫瑰

石井亚希子

糖霜

花瓣：橙色/硬

花蕊：白色/中度

材料

饰糖

1. 挤出一个直径 8mm 的圆片，在周围裱上 3 片花瓣（参照 P13）。

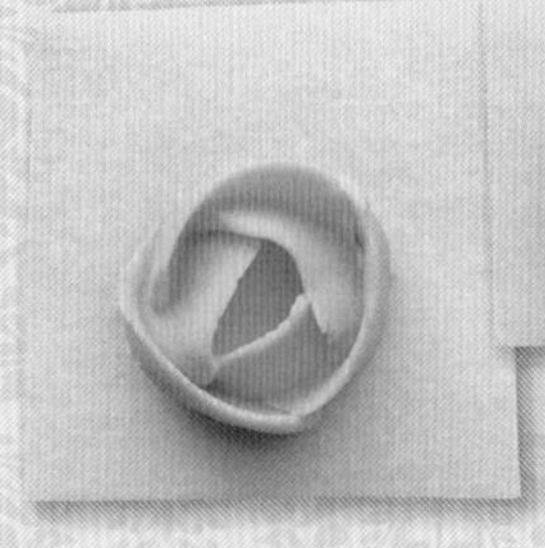

2. 第二层稍微向外展开裱出3片花瓣。

3. 第三层再向外展开一些裱出3片花瓣。在正中央的空洞处挤满中度糖霜，最后装饰上饰糖。

❷婚纱、蛋糕、婚礼看板

石井亚希子

糖霜

轮廓：白色/中度

填充：白色/软

叶子：苔绿色+棕色/硬

玫瑰：苔绿色+棕色/中度

文字：棕色/中度

1. 画轮廓，填充底面。

2. 在蛋糕上画出花藤的图案。

3. 注意保持画面的平衡感，装饰上玫瑰并在旁边画出叶子。最后在看板上写上文字即可完成。

❸方形蝴蝶结

片岛裕奈

糖霜

轮廓：白色/中度

填充：白色/软

翻糖

蝴蝶结：橙色

材料

银糖珠：适量

食用糖珍珠

金色珍珠粉

杜松子酒：适量

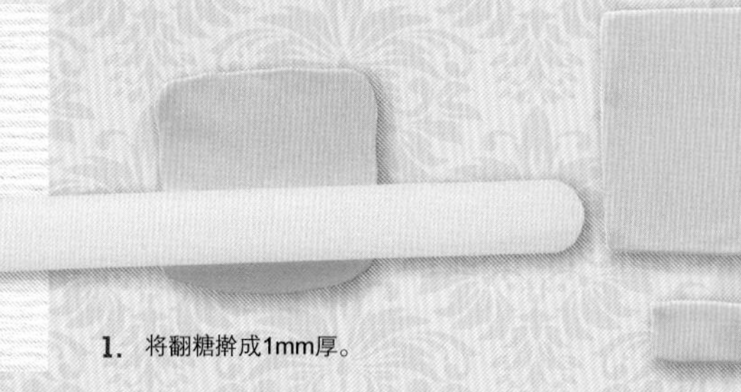

1. 将翻糖擀成1mm厚。

2. 切成6cm×6cm、1.5cm×3cm大小两片。

3. 将较大的一片翻糖的中央捏出褶皱做成蝴蝶结的形状，粘贴在底面上。

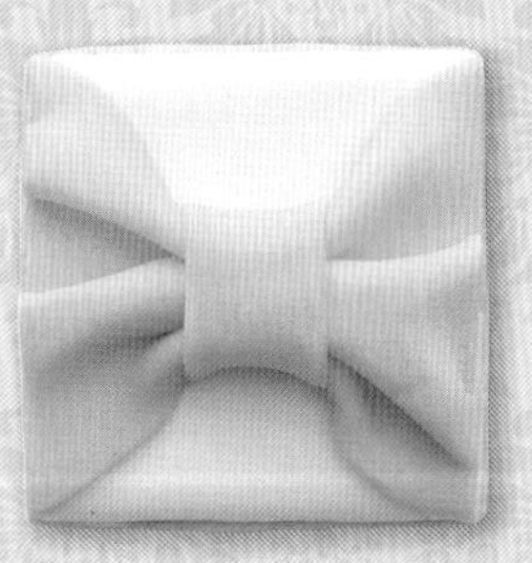

4. 中间用较小的一片翻糖卷起来。

5. 装饰上糖珠和银糖珠。

6. 用干燥的画笔刷上金色珍珠粉即可完成。

3D Heart
3D 心形盒子

生驹美和子

❶心形盒子（玫瑰）
❷心形盒子（文字）

糖霜

花纹、文字：白色/中度

蔷薇：天蓝色+紫色+棕色的深浅色/硬

翻糖

底面：天蓝色+紫色+棕色

椭圆菊花模具：白色

材料

丝带（非食用）

杜松子酒：适量

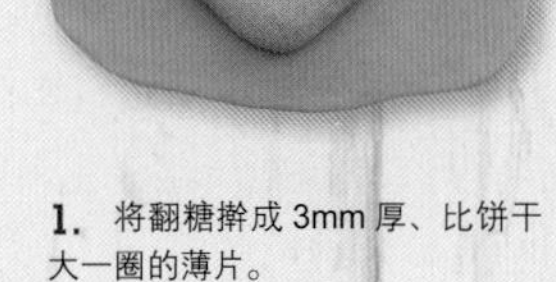

1. 将翻糖擀成3mm厚、比饼干大一圈的薄片。

2. 薄薄地涂一层杜松子酒，将翻糖粘贴到饼干上。

3. 超出饼干的翻糖用小刀切掉。

4. 用小一圈的心形模具压出心形的印。

5. 在心形印上画一圈水滴形状组成的心形花边，在中央写上文字。

6. 在中央固定上用模具切好的翻糖形状和裱好的玫瑰花（参照P13），最后用中度糖霜将两片心形饼干和丝带粘合在一起。

❸心形盒子（雪花）

糖霜

花纹：天蓝色+紫色+棕色/中度

翻糖

底面：白色

材料

丝带（非食用）

杜松子酒：适量

银糖珠

食用糖珍珠

银色珍珠粉

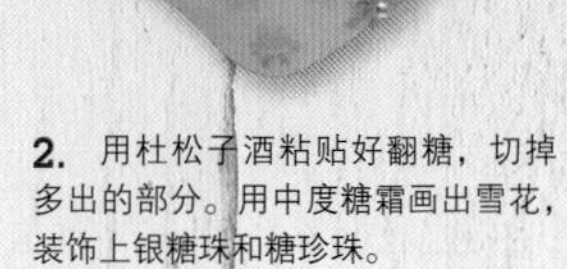

1. 将翻糖在纹理垫上擀成比饼干大一圈的3mm厚薄片（参照P16）。

2. 用杜松子酒粘贴好翻糖，切掉多出的部分。用中度糖霜画出雪花，装饰上银糖珠和糖珍珠。

3. 将丝带加在饼干中间，用中度糖霜粘合。最后用干燥的画笔刷上银色珍珠粉即可完成。

3D Egg

3D 蛋形盒子

Papiyon

❶蛋形盒子（佩斯利花纹）
❷蛋形盒子（阿拉伯蔓藤花纹）

糖霜

底面：苔绿色+柠檬黄/稍软
花纹：棕色+黑色/中度
圆花结、贝壳裱花：棕色+黑色/硬
叶子：苔绿色/硬

1. 将烤好的蛋形饼干的表面和切口用削皮刀等工具打磨光滑（参照P7）。

2. 慢慢地将稍软糖霜从上方浇下。

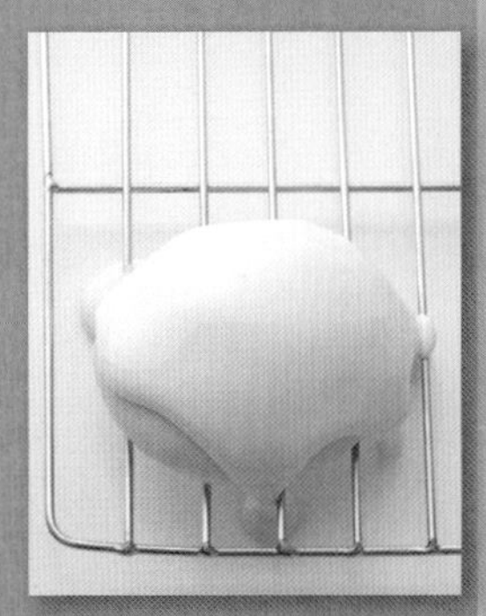

3. 表面干燥后，再一次浇上糖霜（共浇两次）。

4. 彻底干燥后，取下从边缘溢出的糖霜，整理平整。

5. 用中度糖霜画上佩斯利花纹。

6. 在边缘处裱上贝壳形状花边。

7. 另一个饼干画上由曲线组成的阿拉伯藤蔓花纹。

8. 在整个表面画上花纹，注意不要留出太大的空隙。

9. 在边缘处裱上贝壳形状花边，用中度糖霜固定上圆花结裱花和叶子（参照P13）。

Part.3 彩绘饼干

POST CARD
CORRESPONDENCE
20

Denim

牛仔

片岛裕奈

❶蕾丝牛仔

彩绘颜色：皇家蓝、白色

糖霜

轮廓：皇家蓝+黑色/中度

填充：皇家蓝+黑色/软

蕾丝、针脚线：白色/中度

链子、钥匙：棕色+黄/中度

翻糖

棕色+黄

材料

杜松子酒：适量

金色珍珠粉：适量

1. 填充底色，完全干燥后，用溶于水的皇家蓝食用色素画出线条。

2. 同样，用白色画出线条，横竖随机地画出牛仔布料的纹理。

3. 用中度糖霜画出蕾丝图案。

4. 将上好色的翻糖搓圆压扁，用印章印上图案，用剪刀剪去多余的部分。

5. 用杜松子酒固定好翻糖，画上针脚线、链子和钥匙的图案。

6. 用金色珍珠粉镀上金彩即可完成。

❷蝴蝶结牛仔

彩绘颜色：皇家蓝、白色、圣诞红、玫红色、棕色、苔绿色

糖霜

轮廓：皇家蓝+黑色/中度

填充：皇家蓝+黑色/软

蕾丝、针脚线：白色/中度

翻糖

棕色+黄

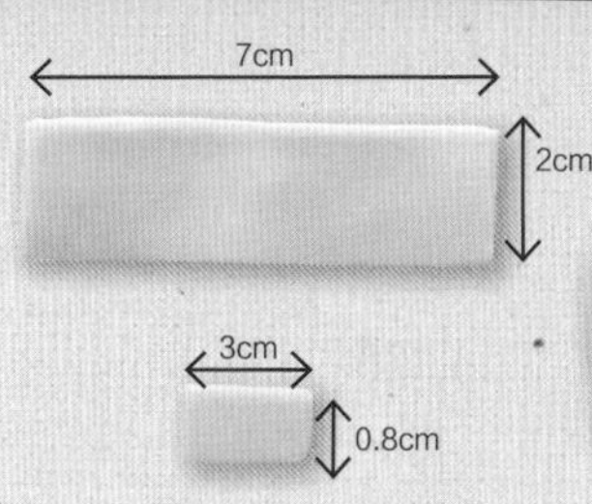

1. 首先准备好和“蕾丝牛仔”一样的饼干底面。将上好色的翻糖擀成3mm厚，用小刀切成2cm×7cm和0.8cm×3cm大小的两个带状薄片。

2. 将两端向中央对折并捏住，翻过来用短带卷起来（参照P16）。

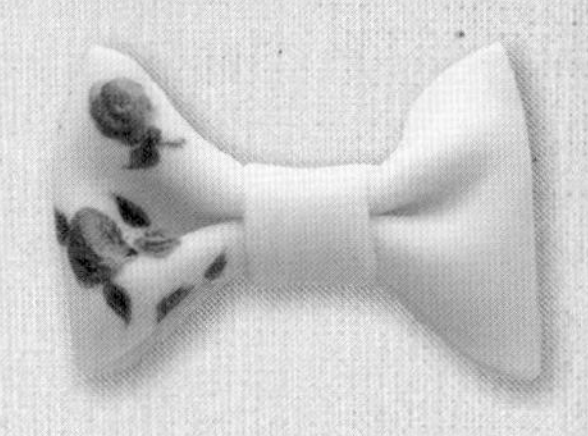

3. 画上玫瑰图案，待稍微干燥后用杜松子酒固定在饼干底面上。

❸标签牛仔

彩绘颜色：皇家蓝、白色

糖霜

轮廓：皇家蓝+黑色/中度

填充：皇家蓝+黑色/软

针脚线：棕色/中度

文字：棕色+黑色/中度

玫瑰：棕色、棕色+玫红色/硬

翻糖

棕色+黄

材料

可可粉

银糖珠

杜松子酒：适量

金色珍珠粉：适量

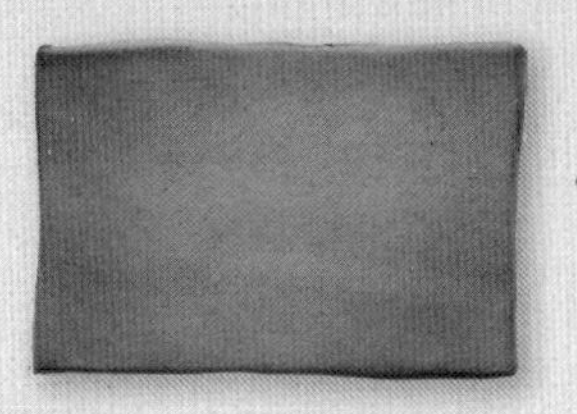

1. 将上色好的翻糖压成3mm厚，用小刀切成3.5cm×5cm的长方形。用干燥的画笔涂上可可粉，制造出旧物的感觉。

2. 在和“蕾丝牛仔”同样方法制作的饼干上用杜松子酒固定好翻糖，用中度糖霜画上针脚线和文字。

3. 在四角处像按进去一样固定银糖珠，用中度糖霜固定上玫瑰，最后用金色珍珠粉镀上金彩（参照P9）。

Chalk Board

黑板

森智子

❶菜单板

彩绘颜色：白色

糖霜

轮廓：黑可可粉+黑色/中度

填充：黑可可粉+黑色/软

花朵：金黄+棕色、玫红色+棕色、玫红色+黑色/硬

叶子：苔绿色/硬

材料

银糖珠

❷蜡烛

❸玻璃皂液瓶

1. 用黑可可粉和黑色食用色素制作出漆黑色的糖霜。

2. 填充黑色底并彻底干燥。

3. 准备好要转印到饼干上的画稿。

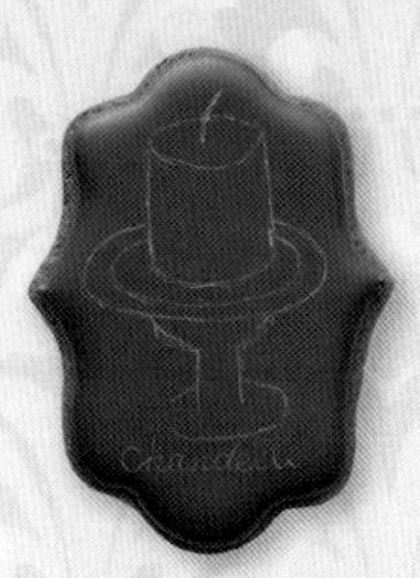

4. 将画稿铺在饼干上，用糖霜针描出痕迹。

5. 用画笔蘸取白色和极少量的水，沿着画稿在饼干上进行绘画。

6. 用中度糖霜固定玫瑰并在空隙处画上叶子（参照P13）和圆点等。

❹帽子

彩绘颜色：白色

糖霜

轮廓：黑可可粉+黑色/中度

填充：黑可可粉+黑色/软

花朵：玫红色+黑色/硬

材料

食用糖珍珠

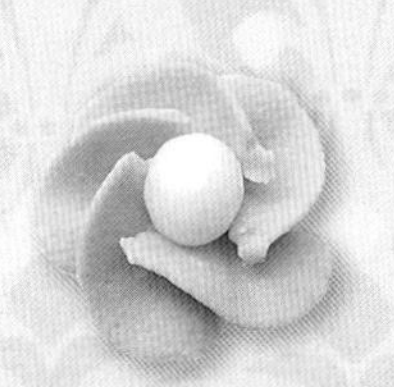

1. 挤出糖霜后转动手腕，裱出漩涡状小花，干燥之前装饰上糖珍珠。

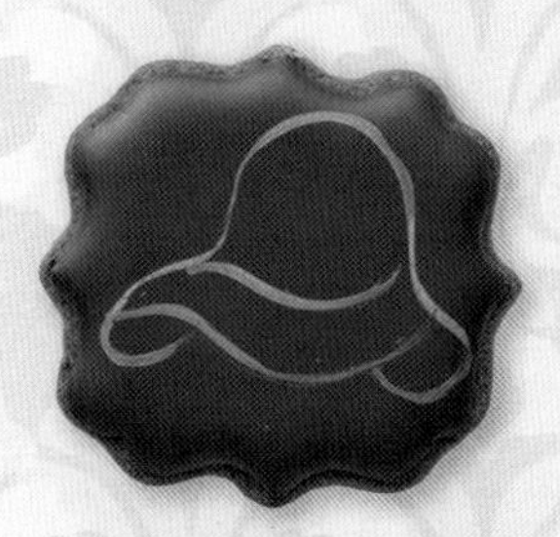

2. 用画笔蘸取白色和极少量的水，沿着画稿在饼干上进行绘画。

3. 用中度糖霜固定上蕾丝（非食用）和花即可。

❺模特衣架

彩绘颜色：白色

糖霜

轮廓：黑可可粉+黑色/中度

填充：黑可可粉+黑色/软

材料

银糖珠

食用糖珍珠

1. 在填充好的底面上用糖霜针描出画稿，用白色画出模特衣架的图案。

2. 在模特衣架的左右两处装饰上花纹，注意保持画面的平衡感。

3. 用中度糖霜固定上糖珍珠和银糖珠，做成项链。

Pattern
纹理

❶大理石 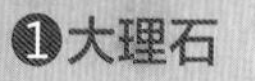

片岛裕奈

彩绘颜色：黑色

糖霜

轮廓：白色/中度

填充：玫红色粉色+黑色、黑色、白色/软

花纹：金黄+棕色/中度

翻糖

玫红色粉色+黑色

材料

杜松子酒：适量

金色珍珠粉：适量

1. 用中度糖霜画出轮廓。

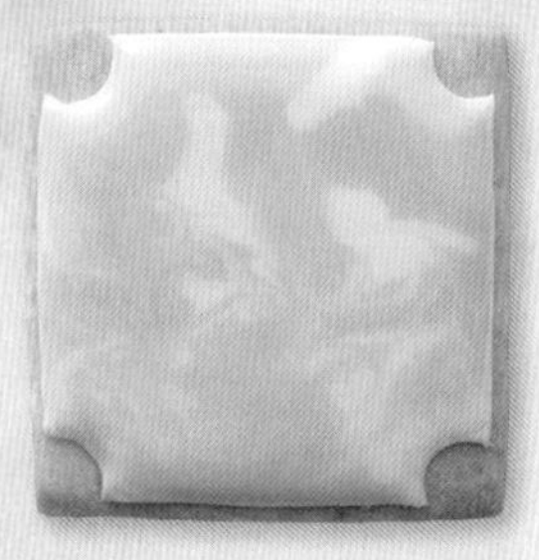

2. 用3种颜色的糖霜随机填充底面，用糖霜针画出大理石的纹理。

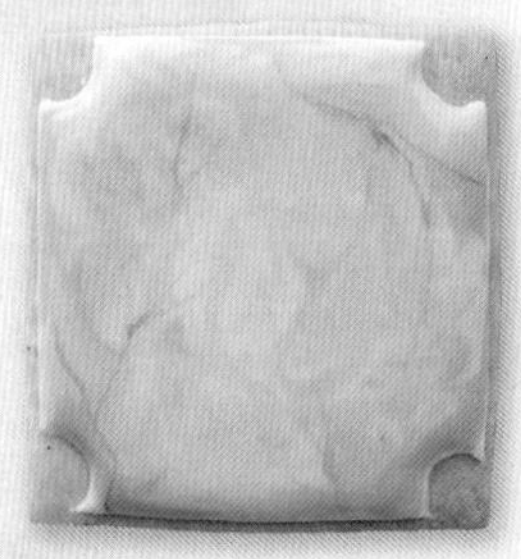

3. 用黑色食用色素画出裂纹状的花纹。

4. 在模具里按顺序先后压入白色、紫色的翻糖，做出浮雕。

5. 在四角用中度糖霜画出花纹。

6. 在浮雕的周围和糖霜的四周挤出水滴形状的花边，最后涂上溶于杜松子酒的金色珍珠粉。

❷马赛克

西冈麻子

糖霜

轮廓:白色/中度

填充:玫红色粉色+黑色、黑色的深浅色、白色/软

花纹:金黄+棕色/中度

翻糖

玫红色粉色+黑色

材料

杜松子酒:适量

金色珍珠粉:适量

1. 画出轮廓，用4种颜色的软糖霜轮流挤出较大的圆点（相邻不同色），不留空隙地填满底面。

2. 在四周用中度糖霜画出双层蕾丝花边，相交处画上圆点。

3. 用中度糖霜固定好浮雕，用溶于杜松子酒的金色珍珠粉镀上金彩。

❸彩色格子布

西冈麻子

糖霜

轮廓:白色/中度

填充:白色、黑色的深浅色/软

翻糖

玫红色粉色+黑色

材料

金色珍珠粉:适量

杜松子酒:适量

1. 用中度糖霜拉出横竖间隔均匀的分格线。

2. 用3种不同颜色的糖霜分别做上标记。一边换色一边一格一格地快速填充。

3. 贴上浮雕，在边缘处画上花纹。最后涂上溶于杜松子酒的金色珍珠粉即可完成。

Garden
庭院

❶洒水壶

松本彩香

彩绘颜色:棕色、黑色

糖霜

轮廓:金黄+棕色/中度

填充、把手金黄+棕色/软

洒水壶口和上方

轮廓:白色/中度

填充:白色/软

洒水壶花纹

黑色/中度

1. 画出不同颜色的全部轮廓，错开时间填充。

2. 在壶口画上圆点，把手的部分无需描边，用软糖霜直接画出。

3. 表面干燥后，用可溶于水的食用色素进行绘画。

❷告示牌　松本彩香

彩绘颜色: 棕色

糖霜

填充: 白色/软

组装用: 白色/硬

1. 在饼干的上面和侧面用平头笔刷一层软糖霜。

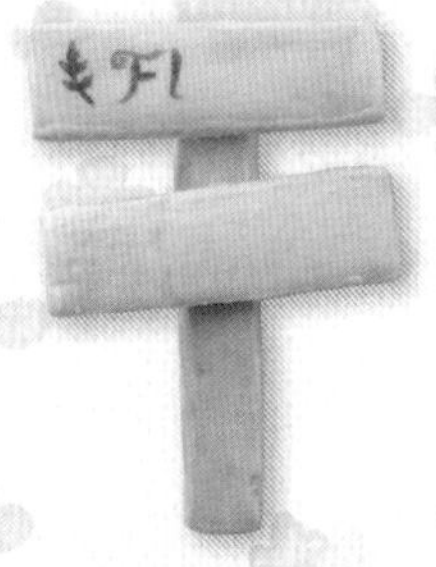

2. 用硬糖霜组装上饼干，用可溶于水的食用色素写字。

3. 然后，用被水稀释过的食用色素画出木纹样的纹理。

❸花盆　松本彩香

彩绘颜色: 棕色、黑色、白色

糖霜

花盆

轮廓、提手 黑色/中度

填充: 黑色/软

把手: 金黄+栗棕色/软

叶子

苔绿色+叶绿色/中度

薰衣草

紫色+栗棕色/中度

含羞草

金黄+栗棕色/中度

铃兰

白色/中度

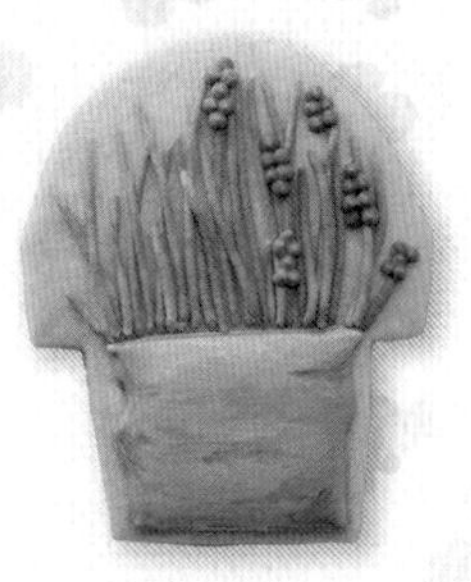

1. 花盆的底面干燥后，用可溶于水的食用色素进行绘画。然后，用中度糖霜画出叶子和花朵。

2. 画含羞草的时候，先画出花茎，然后把裱花袋口剪成V字形裱出叶子（参照P13）、画出花朵和提手等。最后，注意保持画面平衡感画出果实即可完成。

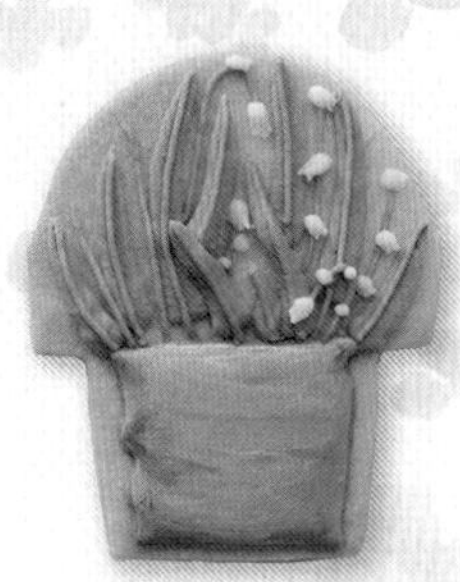

3. 把裱花袋口剪成更深的V字形画出叶子，在中心画出叶脉线和花茎。画花朵时，挤出圆点后用糖霜针刮画即可。

❹兔子　石川久末

彩绘颜色: 棕色+金黄、白色

糖霜

轮廓: 棕色+金黄/中度

填充: 金黄+棕色、白色/软

薰衣草

苔绿色+皇家蓝/中度

紫色+棕色/中度

眼睛

黑色、白色、棕色+金黄/中度

圆点: 苔绿色/中度

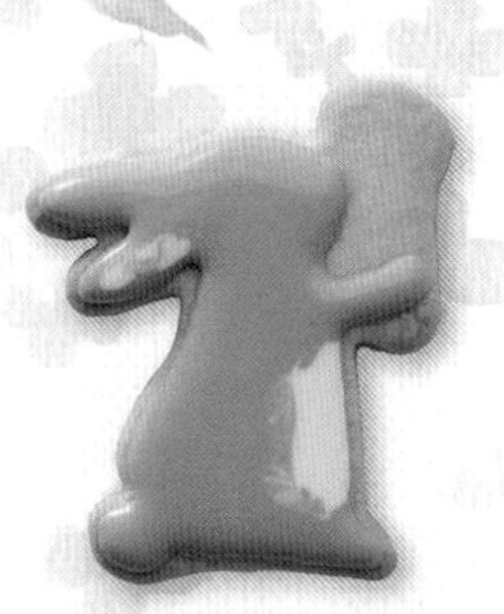

1. 画出轮廓并填充除耳朵和腹部以外的部分后，立刻用白色填充腹部和耳朵，用糖霜针在不同颜色的分界线处画圆使其混合。

2. 用中度糖霜画出眼睛，分别在兔子手部画上薰衣草，像兔子拿着花一样。

3. 用食用色素在后背、耳朵的部分画出毛茸茸的样子。

❺野餐篮　石川久末

彩绘颜色: 棕色+黑色、白色

糖霜

篮子、瓶栓

轮廓、花纹: 棕色+金黄/中度

填充: 金黄+棕色、白色/软

薰衣草

苔绿色+皇家蓝/中度

紫色+棕色/中度

手帕、标签

轮廓、花纹: 白色/中度

填充: 白色/软

瓶子

轮廓: 苔绿色+皇家蓝/中度

填充: 苔绿色+皇家蓝/软

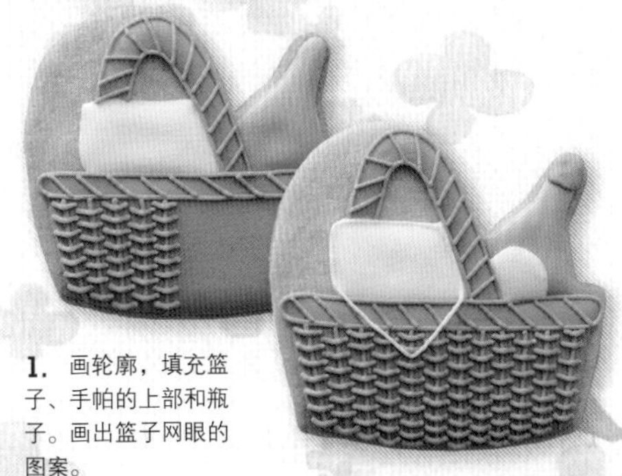

1. 画轮廓，填充篮子、手帕的上部和瓶子。画出篮子网眼的图案。

2. 填充瓶子的标签和瓶栓。画出手帕下部的轮廓，填充整个手帕（上部共填充2次）。

3. 画出手帕的蕾丝和篮子上的薰衣草。用可溶于水的食用色素在瓶子和篮子上画出高光和阴影。

Angel
小天使

宫崎典惠

❶天使（花冠）
❷天使（蜡烛）

糖霜

衣服
黑色/中度、软
脸、手脚
棕色/中度、软
头发
金黄+棕色/中度、软
蜡烛
圣诞红+棕色、金黄/中度、软
花冠
苔绿色+棕色、天蓝色、粉色+橙色+棕色/中度
翅膀
白色/硬

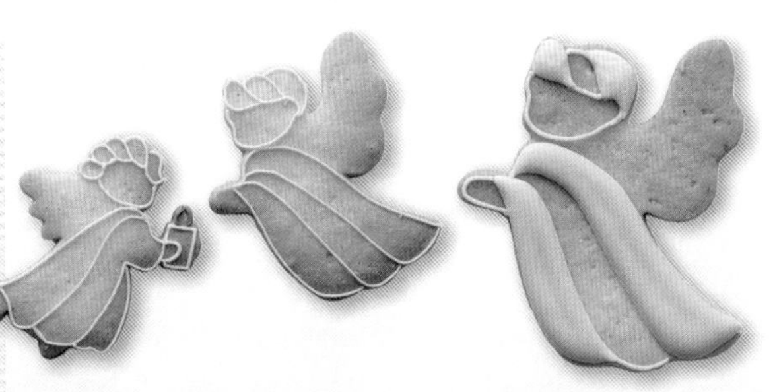

1. 用中度糖霜画出不同颜色的所有轮廓。

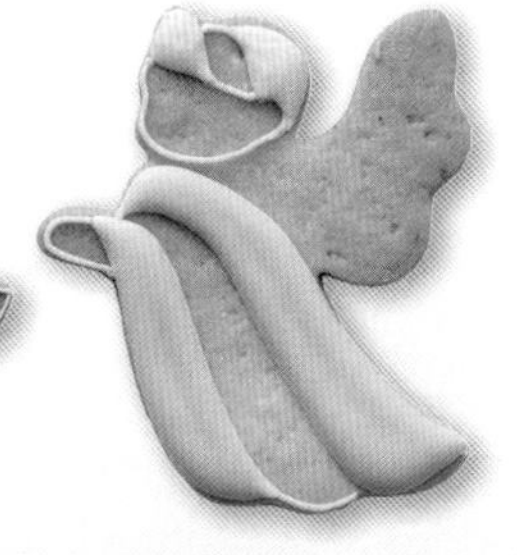

2. 用软糖霜将头发和衣服跳一格填充一格。

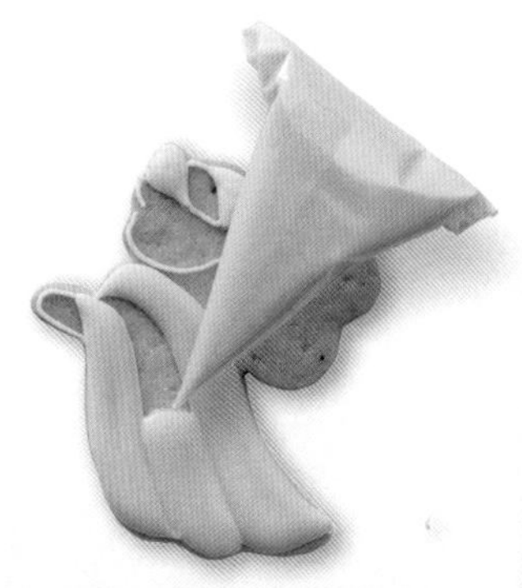

3. 表面干燥之后填充正中间的部分，然后将手、脸、蜡烛的部分也填充好。

4. 用中度糖霜画出蜡烛上的图案和花冠。

5. 用装着花瓣花嘴的裱花袋从上到下挤出1列水滴样的形状。

6. 稍微重叠地挤出4列，做成翅膀的形状。

❸心

彩绘颜色：棕色

糖霜

轮廓：棕色/中度
填充：棕色/软
翅膀
白色/硬

1. 填充心形，底面干燥之后，用被水稀释过的棕色食用色素晕染边缘处。

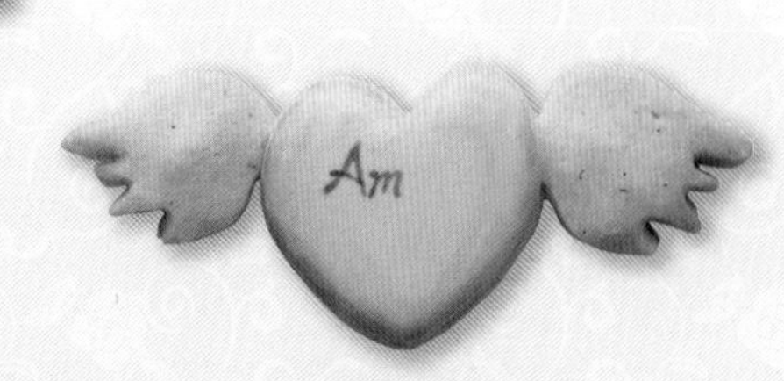

2. 用细笔写上文字。

3. 用和“天使”同样的方法，分别挤出4列羽毛。

Texture
质感

①厚涂 岛田沙也加

彩绘颜色：棕色

糖霜

白色、皇家蓝+棕色/硬

花

圣诞红+皇家蓝+棕色/硬

叶子

皇家蓝+棕色/硬

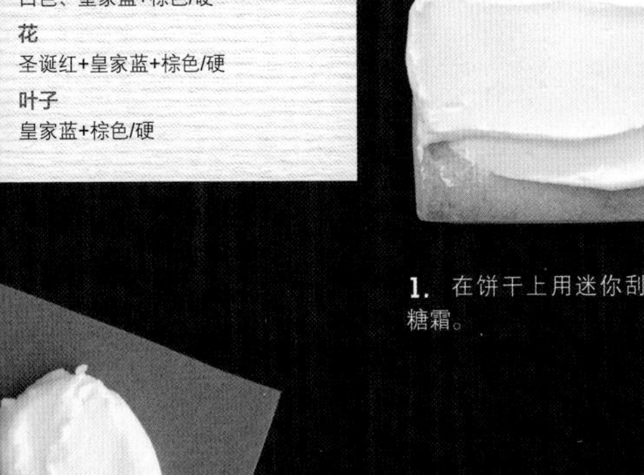

1. 在饼干上用迷你刮刀涂上硬糖霜。

2. 用刮刀将溢出饼干的部分整齐地削掉。

3. 糖霜干燥之前，用糖霜针等工具刮画出心形图案。

4. 糖霜干燥后，用棕色食用色素写上文字。

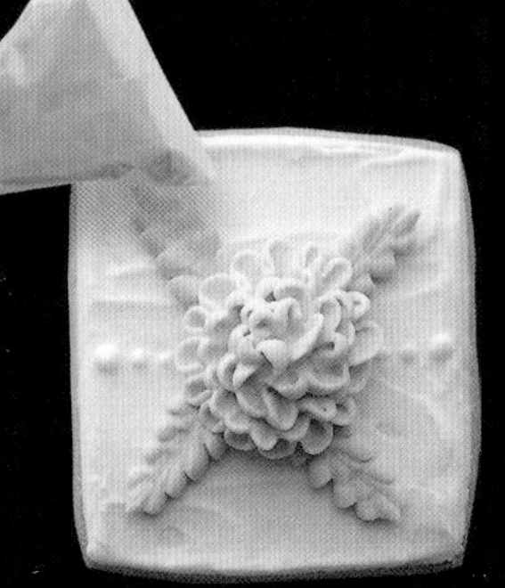

5. 将裱花袋口剪成V字形，从中心向外侧裱出叶子（连续地挤出P13中的叶子）。

6. 用中度糖霜固定上已经裱好并干燥的花朵（参照P51）。

② 木纹样糖霜 M'Respieu

彩绘颜色：棕色

糖霜

底面

黑色、白色/硬

圆花结

皇家蓝+黑色的深浅色/硬

花藤

苔绿色/中度

叶子

苔绿色/硬

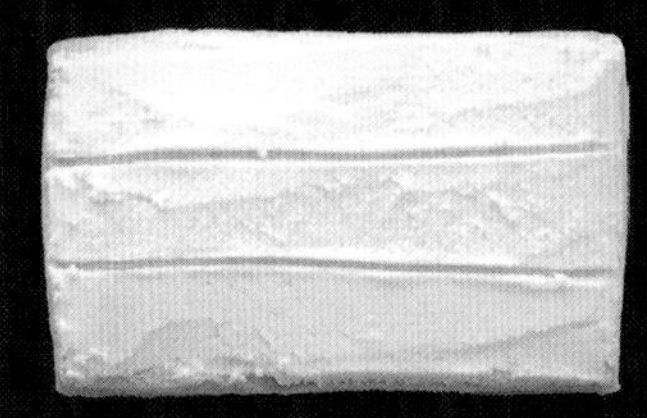

1. 和"厚涂"一样，填涂硬糖霜并整理好边缘，用糖霜针画2条横线。

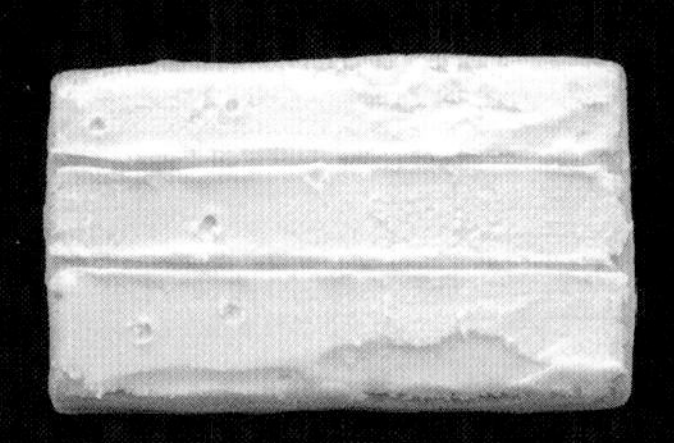

2. 糖霜干燥之前，用糖霜针刺出小洞。

3. 用可溶于水的棕色食用色素画上横线，做出木纹的纹理。用中度糖霜画出花藤，用切口剪成V字形的裱花袋裱出叶子和圆花结（参照P13）并固定好即可。

Stamp
印章

杉本智子

❶兔子

彩绘颜色:棕色

糖霜

轮廓:玫红色+棕色/中度

填充:玫红色+棕色/软

1. 填充底面，完全干燥后用被水稀释过的棕色食用色素晕染，做旧。

2. 用画笔在印章上涂上食用色素。

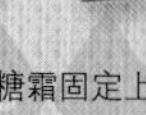

3. 印好印章，用中度糖霜固定上丝带（非食用）。

②钢笔

彩绘颜色：棕色、黑色

糖霜

轮廓、贝壳花边：棕色/中度

填充：棕色/软

1. 填充底面，在周围挤上水滴状花边。

2. 用画笔在周围涂一圈可溶于水的食用色素并晕染。

3. 印上涂有黑色食用色素的印章即可完成。

③邮票

彩绘颜色：棕色、黑色

糖霜

轮廓、水滴：棕色/中度

填充：棕色/软

1. 填充底面，完全干燥后，印上涂有黑色食用色素的印章。

2. 用中度糖霜在四周挤出一圈水滴形花边。

3. 用可溶于水的黑色+棕色食用色素在边缘处制作出晕染效果即可完成。

④信封

彩绘颜色：棕色

糖霜

轮廓：棕色/中度

填充：棕色/软

翻糖

棕色

1. 画轮廓，错开时间填充并完全干燥。用被水稀释过的棕色食用色素在边缘处进行晕染，然后写上文字。

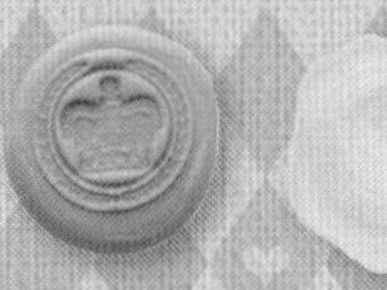

2. 将翻糖压扁并印上印章，多余的部分用剪刀剪掉并用手整理好形状。

3. 再次用棕色食用色素给翻糖上色，干燥后用中度糖霜固定在底面上即可。

⑤怀表

彩绘颜色：棕色

糖霜

轮廓：叶绿色+棕色/中度

填充：粉色+紫色+棕色、叶绿色+棕色/软

材料

金色珍珠粉

1. 画轮廓，用2种颜色的糖霜随机地（粉色稍多一些）填充底面并用糖霜针做出大理石的纹路。完全干燥后，和“信封”一样，用棕色晕染边缘处。

2. 在饼干上盖上模绘板纸并固定好，用画笔涂上棕色食用色素。

3. 揭掉模绘板纸并干燥。表面干燥后用画笔刷上金色珍珠粉。

Elegant Flower

优雅花朵

①蝴蝶结花朵 saku × saku

彩绘颜色：红色+棕色、皇家蓝、棕色、绿色、白色

糖霜

轮廓：棕色+柠檬黄/中度

填充：棕色+柠檬黄/软

花纹：棕色+柠檬黄/中度

材料

金色珍珠粉：适量

杜松子酒：适量

1. 填充底面，在边缘处挤上水滴状的花边。使用平头笔画出红色+棕色的蝴蝶结。

2. 在丝带需要加深颜色的地方再描一遍颜色，做出深浅效果。

3. 画出玫瑰的轮廓后，做出深浅效果。最后用金色珍珠粉镀上金彩即可完成。

②玫瑰 生驹美和子

彩绘颜色：红色、白色、紫色+白色、苔绿色

糖霜

轮廓：棕色+柠檬黄/中度

填充：棕色+柠檬黄的深浅色/软

花纹：棕色+柠檬黄/中度

材料

金色珍珠粉：适量

杜松子酒：适量

1. 烘烤之前先在饼干上印上小一圈的圆形痕迹，然后再烘烤饼干。错开时间填充底面，画上玫瑰、叶子、圆点等图案。

2. 用白色画上花瓣的图案。

3. 在周围装饰上花纹，并用溶于杜松子酒的金色珍珠粉镀上金彩。

③银莲花 辻千惠

彩绘颜色：圣诞红、黑色、叶绿色+黑色、柠檬黄+棕色

糖霜

轮廓：棕色+柠檬黄/中度

填充：棕色+柠檬黄/软

圆点：棕色+柠檬黄/中度

材料

金色珍珠粉：适量

杜松子酒：适量

1. 填充底面，完全干燥后，用被水稀释过的红色食用色素画出5~6枚花瓣。要做出花瓣中心部分的效果，从内向外下笔即可。

2. 将红色食用色素溶于较少的水，使用细笔用较浓的红色画出花瓣的纹理。

3. 用黑色画出轮廓和花蕊。

4. 用黑色+绿色画出深浅层次的叶子。

5. 将棕色+黄色的食用色素溶于水，用平头笔在外围画一个圈。

6. 用平头笔蘸取溶于少量杜松子酒的金色珍珠粉，涂在外围的圈和圆点上即可。

Motif
主题

Aglaia

❶香水瓶
❷女孩的房间

彩绘颜色：棕色、玫红色、黑色、橙色

糖霜

轮廓：白色/中度
填充：白色/软
圆点：黑可可粉、白色/中度

1. 在填充好并完全干燥的底面上用黑色画出轮廓。

2. 用可溶于水的食用色素填涂中间。

3. 用黑色和白色的圆点做成小花的形状，包围住边缘。

❸高跟鞋
❹喷雾香水瓶

彩绘颜色：白色、叶绿色、圣诞红、棕色

糖霜

轮廓、圆点：黑可可粉/中度
填充：黑可可粉/软
圆点：黑可可粉、白色/中度

1. 在填充好黑色并完全干燥的底面上用白色食用色素画出轮廓。

2. 用可溶于水的食用色素填涂中间。

3. 用黑色和白色的糖霜圆点做成小花的形状，包围住边缘。

❺条纹与蝴蝶结

彩绘颜色：白色

糖霜

轮廓：黑可可粉、白色/中度
填充：黑可可粉、白色/软
圆点：黑可可粉、白色/中度
蝴蝶结：圣诞红+柠檬黄/中度

材料

细砂糖
食用糖珍珠

1. 用黑色和白色分别填充一半的底面，完全干燥后，用平头笔画出三根条纹，每根条纹分别涂抹2次使其呈现出较浓的白色。

2. 画出蝴蝶结的轮廓，用中度糖霜填充。

3. 蝴蝶结干燥前撒上细砂糖，在中心装饰上银糖珠，在边缘处装饰上圆点花边。

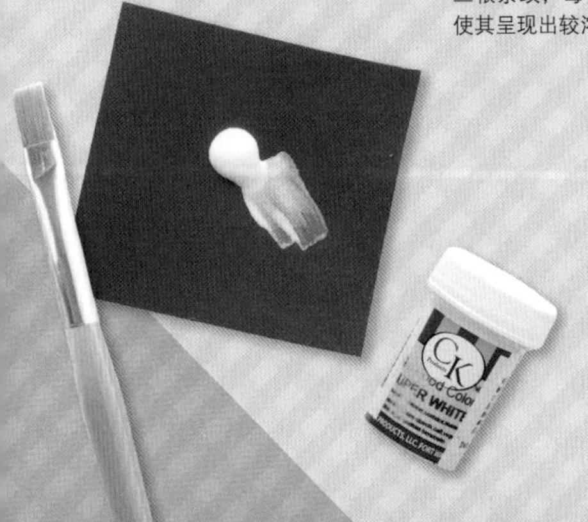

Fruit
水果

saku × saku

❶画框

糖霜

画框

轮廓、花纹: 栗棕色+皇家蓝的深浅色/中度

填充: 栗棕色+皇家蓝的深浅色/软

中央部分

填充: 柠檬黄+棕色/软

材料

金色珍珠粉: 适量

杜松子酒: 适量

1. 先用糖霜针等工具做出椭圆部分的痕迹，然后画出轮廓。

2. 错开时间填充底面。

3. 用中度糖霜画出花纹，用金色珍珠粉镀上金彩。

❷橙子

彩绘颜色：橙色、柠檬黄、棕色、苔绿色、白色

1. 底面完全干燥后，画出橙子的果实。

2. 给橙子添上叶子和花。

3. 在橙子上用白色打上高光，在橙子下面画出阴影。

❸葡萄

彩绘颜色：紫色、紫色、棕色、苔绿色

1. 底面完全干燥后，画出叶子。

2. 再画出葡萄的果实。

3. 最后画出花藤和叶子即可完成。

❹草莓

彩绘颜色：紫色、柠檬黄、棕色、苔绿色、白色

1. 底面干燥后，画出草莓的果实。

2. 给草莓添上蒂和叶子。

3. 最后画上花藤、花朵和种子即可完成。

Antique Letter

复古信件

山根英梨子

❶书信

彩绘颜色：棕色

糖霜

轮廓：柠檬黄+棕色/中度

填充：柠檬黄+棕色/软

1. 在填充好的底面边缘，用可溶于水的棕色食用色素从外向内做出晕染效果。

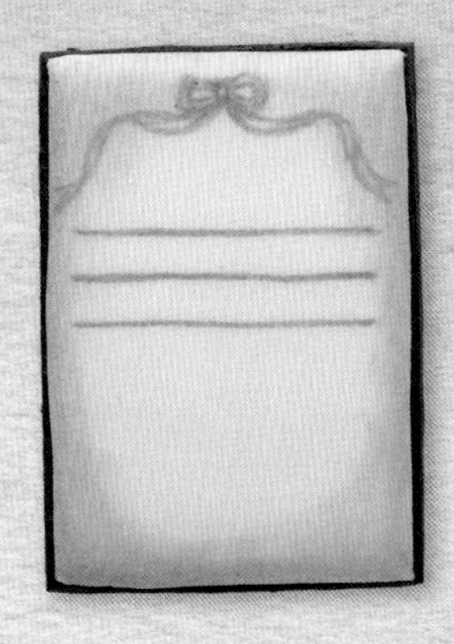

2. 用细笔画出蝴蝶结和6条横线。

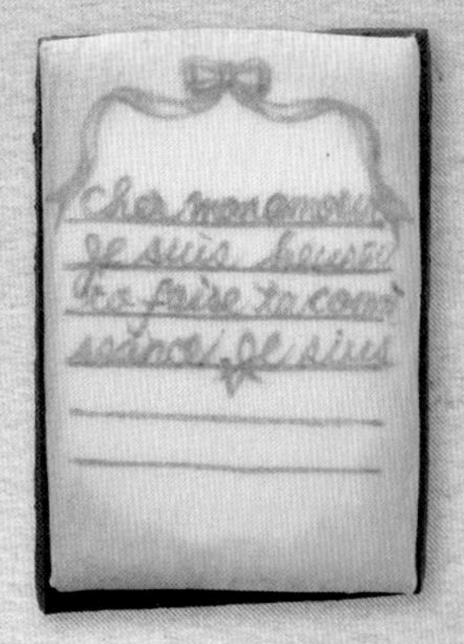

3. 最后写上法语文字和签名等即可完成。

❷兔子画作

彩绘颜色：棕色

糖霜

轮廓：柠檬黄+棕色/中度

填充：柠檬黄+棕色/软

1. 和“书信”1一样，在做旧好的底面上粗略、浅浅地画出兔子图案的轮廓。

2. 重复上色，表现出毛色和阴影，使画面呈现立体感。

3. 画上草、文字和睫毛即可完成。

❸羽毛笔

彩绘颜色：棕色

糖霜

轮廓：柠檬黄+棕色/中度

填充：柠檬黄+棕色/软

羽毛的花纹：柠檬黄+棕色/中度

1. 填涂整根羽毛状饼干，用裱花袋口擦出几根细细的羽毛。

2. 在羽毛的正中间画出一根越往下越粗的羽毛轴。

3. 用可溶于水的食用色素从内向外一根一根地画出羽毛的纹理。

①剪影蝴蝶

彩绘颜色：棕色

糖霜

黑色/中度

轮廓：白色/中度

填充：白色/软

1. 在油纸上做出镂空，完全干燥后备用。

2. 底面填涂白色并完全干燥，将可溶于少量水的黑色食用色素涂在印章上，然后印在底面上。

3. 印章图案干了之后，在边缘装饰上水滴状的花边。用中度糖霜画出蝴蝶身体部分，组装上翅膀，用锡纸固定住进行干燥。

②黑白蝴蝶

彩绘颜色：黑色

糖霜

轮廓：白色/中度

填充：白色/软

1. 填充底面，完全干燥后用黑色画出轮廓。

2. 在翅膀中央用黑色涂画出花纹。

3. 用中度糖霜在边缘挤出水滴状的花边。

Butterfly
蝴蝶

Papiyon

❸三色堇和蝴蝶

彩绘颜色：黑色、苔绿色、金黄、皇家蓝、玫红色

糖霜

轮廓：白色/中度

填充：白色/软

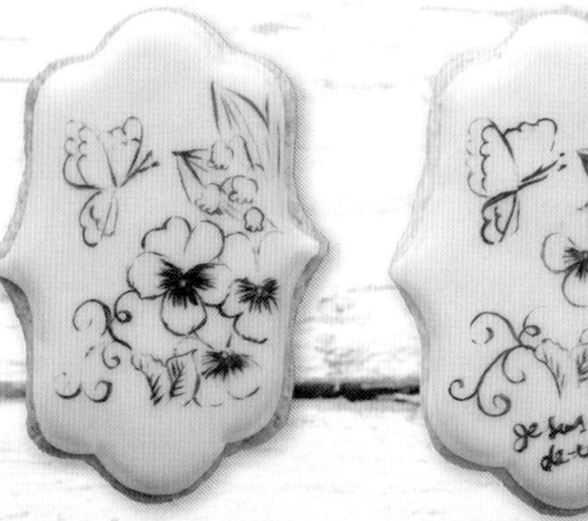

1. 用黑色画出全部的轮廓。

2. 一边注意保持画面的平衡，一边写上文字。

3. 用稀释过的食用色素填涂上色即可。

❹铃兰

彩绘颜色：黑色、苔绿色

糖霜

轮廓、水滴：白色/中度

填充：白色/软

1. 填充底面，完全干燥后用黑色画出轮廓。

2. 用绿色填涂叶子。

3. 写上文字，最后在周围挤上水滴状花边即可完成。

Landscape Painting
风景画

mippu

❶埃菲尔铁塔

彩绘颜色：棕色、苔绿色、柠檬黄

糖霜

轮廓：白色/中度
填充：白色/软

自行车
棕色/中度

花篮
苔绿色、玫红色、柠檬黄/中度

埃菲尔铁塔
棕色/中度

1. 在完全干燥的底面上，用溶于少量水的深棕色画出埃菲尔铁塔和树木的轮廓。

2. 用苔绿色、黄色和棕色3种颜色一边上阴影一边画出塔周围的树木。

3. 用浅棕色画上邮戳，在饼干上由外向内做出由深棕色到浅棕色的渐变效果。最后，用糖霜画出自行车和花篮即可。

❷法国的街景

彩绘颜色：棕色、黑色、柠檬黄、粉色、天蓝色、皇家蓝、橙色、圣诞红

糖霜

轮廓：白色/中度
填充：白色/软

草花
苔绿色、柠檬黄、玫红色/中度

1. 用画笔浅浅地描出画稿，给房子涂上颜色。

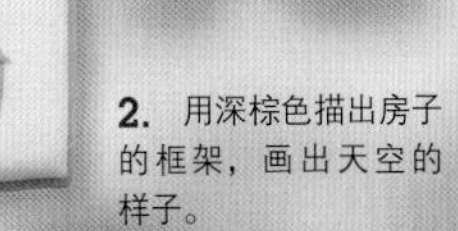

2. 用深棕色描出房子的框架，画出天空的样子。

3. 用糖霜装饰出花草。

❸塞纳河

彩绘颜色：棕色、橙色、柠檬黄、黑色、皇家蓝、天蓝色、苔绿色

糖霜

轮廓：白色/中度
填充：白色/软

建筑、桥
白色/中度、软

街灯
黑色、橙色/中度

灯光
柠檬黄/中度

树木
苔绿色/中度

1. 在油纸上画出建筑和桥的剪影并填充，完全干燥好备用。

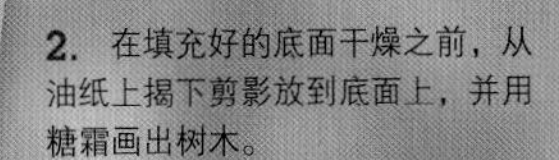

2. 在填充好的底面干燥之前，从油纸上揭下剪影放到底面上，并用糖霜画出树木。

3. 彩绘出建筑、桥、树木（及阴影）、河流、天空。用糖霜画出街灯和灯光。最后根据自己的喜好在周围画上画框即可。

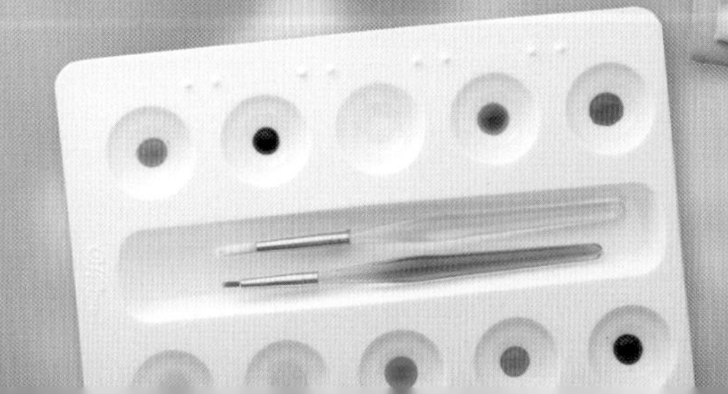

内 容 提 要

在这本糖霜饼干书籍中，数十位专业讲师毫无保留地公开各种各样的技法和设计创意，从糖霜的基础讲解，细分24个不同主题、13套彩绘图案，使本书不仅可以帮助新手轻松进入糖霜的世界，也可以满足有经验的糖霜爱好者对更高层次进步的需求。

北京市版权局著作权合同登记号：图字 01-2016-4329 号

本书通过创河（上海）商务信息咨询有限公司公司代理，经日本株式会社日东书院本社授权出版中文简体字版本。

FRENCH ANTIQUE ICING COOKIE

First original Japanese edition published by Nitto Shoin Honsha Co.,Ltd.,Japan.

Chinese (in simplified character only) translation rights arranged with Nitto Shoin Honsha Co.,Ltd.,Japan. through CREEK & RIVER Co., Ltd. and CREEK & RIVER SHANGHAI Co., Ltd.

图书在版编目（CIP）数据

童话中走出的法式复古风糖霜饼干 / 日本主妇兴趣技能协会著 ; 梁晨译. -- 北京 : 中国水利水电出版社, 2017.4

ISBN 978-7-5170-5327-9

Ⅰ. ①童… Ⅱ. ①日… ②梁… Ⅲ. ①饼干－制作 Ⅳ. ①TS213.2

中国版本图书馆CIP数据核字(2017)第076654号

摄影：村上佳奈子　　设计：宫下晴树

造型：上田浩美　五十岚明贵子　广高都志子

助理：日本主妇兴趣技能协会糖霜饼干认定讲师

策划编辑：杨庆川　　责任编辑：邓建梅　　加工编辑：庄　晨　　美术编辑：梁　燕

书　　名	童话中走出的法式复古风糖霜饼干 TONGHUA ZHONG ZOUCHU DE FASHI FUGUFENG TANGSHUANG BINGGAN
作　　者	【日】日本主妇兴趣技能协会　著　梁晨　译
出版发行	中国水利水电出版社 （北京市海淀区玉渊潭南路 1 号 D 座 100038） 网　址：www.waterpub.com.cn E-mail：mchannel@263.net（万水） sales@waterpub.com.cn 电　话：（010）68367658（营销中心）、82562819（万水）
经　　售	全国各地新华书店和相关出版物销售网点
排　　版	北京万水电子信息有限公司
印　　刷	北京市雅迪彩色印刷有限公司
规　　格	184mm×260mm　16开本　6印张　142千字
版　　次	2017年4月第1版　2017年4月第1次印刷
印　　数	0001—5000册
定　　价	50.00元

凡购买我社图书，如有缺页、倒页、脱页的，本社营销中心负责调换